RÉCITS

ET ANECDOTES

DE CHASSE

RÉCITS

ET ANECDOTES

DE CHASSE

PAR C. G***

TOURS

A^d MAME ET Cie, IMPRIMEURS-LIBRAIRES

M DCCC LIII

RÉCITS

ET

ANECDOTES DE CHASSE

CHAPITRE I

CHASSE DES ANIMAUX QUI SE TROUVENT EN FRANCE.

I

CHASSE AU FAUCON.

L'art de dresser des oiseaux de proie à chasser pour le compte d'un maître était pratiqué en Asie dès la plus haute antiquité. Homère y fait allusion, et Aristote vante l'adresse et la patience des fauconniers thraces. De l'Asie, où cet art semble avoir pris naissance, il se répandit en Europe vers les premiers siècles de notre ère, et au sixième un concile, celui d'Agde, dut modérer l'ardeur avec laquelle certains prélats se livraient à cet exercice.

Au treizième siècle, la chasse au faucon était devenue en Europe une véritable fureur. Rois, princes, seigneurs et simples gentilshommes, dépensaient le plus clair de leur revenu pour satisfaire la passion à la mode. Se ruiner en faucons était un travers de bon goût et une chose très-commune.

Aujourd'hui, quoiqu'il y ait encore en Angleterre quelques fauconneries et un officier de la couronne portant le titre de grand-fauconnier, titre auquel sont attachés une trentaine de mille francs d'appointements, on peut considérer les fauconneries en question comme un hommage posthume rendu à un art délaissé, et le grand-fauconnier comme un dignitaire qui a survécu aux fonctions de sa charge.

On attribue assez généralement la décadence d'abord et ensuite la dessuétude à peu près complète dans laquelle est tombée la chasse au faucon, à l'invention de la poudre à canon et aux perfectionnements apportés dans la fabrication des armes de chasse.

Pour ma part, je ne crois pas que ces deux motifs, qui en y regardant de près n'en font qu'un, soient la véritable, la première cause de la ruine de la fauconnerie. La fauconnerie est morte quand il ne s'est plus trouvé en France de rois, de princes et de seigneurs assez riches pour se donner le plaisir d'une telle chasse, et jouissant d'une autorité assez large et assez incontestée pour qu'ils pussent et osassent tenir à la stricte exécution des édits et des ordonnances qui rendaient cette chasse possible.

En effet, quand on consulte les historiens, les chroniqueurs, les ouvrages de vénerie et la législation de la longue période pendant laquelle la fauconnerie était florissante, on est étonné tout à la fois et de l'importance que l'on attachait à la chasse au vol, et des sommes énormes que les rois et leurs grands vassaux consacraient à l'acquisition, au dressage et à l'entretien de leurs faucons. Encore si la chasse au faucon avait été une chasse productive ; mais elle l'était fort peu. C'était un amusement, une partie de plaisir, et voilà tout. Comme le droit de dénicher les jeunes faucons était réservé aux fauconniers du roi, et que des peines et des châtiments corporels d'une sévérité barbare sanctionnaient ce privilége, les seigneurs, pour se procurer des oiseaux, étaient obligés de les tirer des pays étrangers. Cet état de choses avait donné naissance à un commerce considérable et qui occupait beaucoup de monde. Des marchands de faucons allaient s'approvisionner d'oiseaux en Suède, en Norwége, en Turquie, en Espagne, et jusque sur les côtes si inhospitalières alors de l'Afrique.

L'arrivée d'un marchand en réputation était un événement dont on s'occupait longtemps d'avance. On connaissait son itinéraire, on s'informait des incidents de son voyage; il courait à son sujet des nouvelles tantôt bonnes, tantôt mauvaises. Quand le marchand avait échappé avec ses oiseaux aux périls de toute sorte qui accompagnaient, il y a quelques siècles, un voyage de plusieurs centaines de lieues, et quand il approchait du terme de sa course, les vrais amateurs allaient au-devant de lui pour choisir, et payaient souvent un seul faucon jusqu'à quatre cents écus (1) à une époque où un excellent cheval ne valait que le quart de cette somme. Mais si les princes et les hauts barons, dont l'escarcelle était bien garnie, payaient généreusement le marchand, d'autres abusaient sans vergogne de leur position, pour prendre à crédit et oublier leur dette.

(1) Sous Jacques Iᵉʳ, sir Thomas Morton paya une paire de faucons mille livres (25,000 francs).

Il y avait aussi une classe d'industriels dont la spécialité consistait à détrousser les marchands de faucons, qu'ils attendaient au coin d'un bois sur la terre d'un seigneur dont ils achetaient la protection moyennant le don de quelques oiseaux. Les vols de ce genre étaient si fréquents, que les mots vol, voler, voleur, n'exprimèrent longtemps que cette sorte de larcin. Un voleur était celui qui ravissait un *oiseau de vol,* et ce n'est que par analogie qu'il est devenu synonyme de larron.

Les faucons les plus estimés étaient les faucons turcs, ainsi nommés du pays d'où ils venaient; c'étaient ceux qui se dressaient le mieux pour la chasse au héron, la plus brillante de toutes les chasses à vol.

Le nombre des faucons ainsi importés en France s'élevait tous les ans à plusieurs milliers; et lorsqu'on songe aux frais considérables qu'exigeait le transport d'une pareille marchandise, dans un temps où les voies de communication étaient à peine tracées et nécessitaient l'emploi presque exclusif des bêtes de somme , on n'est plus étonné de lire dans les vieux historiens que les chiens et les oiseaux ruinaient le peuple, et de trouver dans les sermons des prédicateurs de violentes sorties contre ces équipages de chasse, *dont l'entretien coûte plus que ne rapportent les terres de certaines paroisses.*

Une fauconnerie bien organisée , bien complète, comme celle de Charles VI ou de Louis XI (ce dernier, malgré son avarice, possédait, suivant Mézeray, des *légions de chiens et d'oiseaux*), n'était pas une petite affaire. Il fallait des bâtiments spacieux et spéciaux, des volières, une armée de fauconniers flanqués chacun de plusieurs aides, des chevaux et des chiens pour suivre la chasse ; un nombre incroyable d'ustensiles destinés à dresser, équiper, parer les faucons, ustensiles parmi lesquels nous citerons, pour la singularité du fait, des parapluies pour abriter les faucons en cas de mauvais temps, que les hommes n'avaient pas encore eu l'idée d'adopter pour leur usage personnel ; enfin une quantité énorme de viandes choisies et d'oiseaux pour nourrir et dresser les faucons, oiseaux dont il n'était pas facile de s'approvisionner, car outre les poules, il s'agissait de perdrix, de milans et de hérons, qu'il fallait se procurer vivants.

Les corps de logis dont je viens de parler consistaient en logements pour les fauconniers et en plusieurs salles : l'une où l'on préparait la nourriture habituelle des faucons ; l'autre où on les armait ; une troisième dans laquelle on pansait leurs blessures ou l'on raccommodait leurs ailes ; enfin plusieurs galeries couvertes où se trouvait le perchoir de chaque oiseau, et la butte gazonnée sur laquelle le faucon, retenu par sa longe, pouvait *s'esbattre et se gaudir au soleil.*

Je n'entreprendrai pas de décrire les moyens qu'on mettait en usage pour dresser les faucons. Si l'on en juge par les traités spéciaux parvenus jusqu'à nous, la difficulté devait être grande, pour dompter le caractère farouche de l'oiseau, et le forcer à ne plus chasser que sur l'ordre et pour le compte de son maître. Chaque faucon, selon l'espèce d'animal qu'il devait attaquer, recevait une éducation spéciale. Mais la première chose qu'il fallait apprendre à tous, c'était de rester tranquilles sur le poing, sans s'inquiéter du fracas d'une chasse : cris des hommes, aboiements des chiens, musique retentissante des trompes. Le procédé le plus fréquemment usité pour mater un faucon (pour l'*affaiter*, en terme de vénerie), consistait à le priver pendant plusieurs jours de sommeil. On lui infligeait ce supplice en lui passant constamment devant les yeux une brochette qui l'inquiétait et fixait son attention. Ce manége durait souvent

pendant quatre jours et quatre nuits;
au bout desquels l'oiseau, vaincu par
la fatigue, cessait toute résistance et se
rendait. Alors on lui donnait à manger
un lambeau de chair palpitante, et
dès lors commençait son instruction
proprement dite. Pour affaiter un faucon il fallait déjà, comme on le voit,
le concours de plusieurs personnes se
relayant assez fréquemment.

Les faucons affaités, sauf le temps
pendant lequel on les lâchait pour
chasser, portaient constamment un
chaperon, espèce de coiffure qui leur
couvrait les yeux. Ce chaperon en cuir,
richement brodé, était surmonté d'un
panache formé d'un faisceau de plumes
rares prises aux plus brillants oiseaux
de l'Afrique et de l'Asie. Celles de
l'oiseau de paradis étaient à peu près
réservées aux fauconneries royales.

Aux jambes des faucons on attachait
des sonnettes d'argent, légères et so-
nores, et des courroies minces et flexi-
bles nommées *jets*, pour retenir l'oi-

seau. Un anneau de cuivre sur lequel était gravé le nom du propriétaire et de son premier fauconnier terminait le jet. Cet anneau s'appelait *vervelle :* car l'art de la fauconnerie avait un vocabulaire complet, une langue à part incompréhensible pour les profanes. Ainsi dénicher un faucon s'appelait le *desserrer ;* on ne l'apprivoisait pas, on le *mettait hors la sauvagine.* Son estomac s'appelait sa *mulette,* le haut de ses ailes sa *mahutte,* ses déjections des *émeus,* etc., etc.

Quand un faucon était malade, on le soignait. Au besoin on le saignait, on le purgeait ; ses indispositions avaient des noms, et l'on croyait en connaître les causes aussi bien que la médication convenable.

Un art qui était poussé très-loin, c'était celui de remettre en bon état les ailes des faucons endommagées par un accident quelconque, ou naturellement mal proportionnées avec le volume et le poids du corps de l'oiseau.

Ainsi, non-seulement on soudait solidement, à l'aide de fils et de broches de fer, au tronçon de la plume avariée resté dans l'aile, le bout plus ou moins long de la plume d'un autre faucon dont on avait soigneusement conservé la dépouille ; mais si, par exemple, on s'apercevait que les ailes d'un faucon étaient trop courtes eu égard au poids de son individu, on augmentait leur ampleur en remplaçant les plumes dont elles étaient composées par des plumes plus larges et plus longues ; par le même procédé on parvenait à équilibrer les ailes d'un faucon, si l'une d'elles l'emportait sur l'autre.

Grâce à ces divers moyens et à une étude approfondie des conditions requises pour qu'un faucon atteignît en volant le maximum de vitesse dont il était capable, un bon fauconnier corrigeait les défauts naturels ou accidentels qui pouvaient ralentir l'essor d'un oiseau, surtout quand il s'agissait pour lui de s'élever contre un vent violent.

J'ai dit qu'un des principaux cha-
pitres de la dépense d'une fauconnerie
provenait de la nécessité d'avoir sous
la main des lièvres, des perdrix, des
milans et des hérons vivants. Ceci mérite quelques mots d'explication.

Pour dresser le faucon à chasser la
perdrix, par exemple, il fallait à
chaque leçon, et elles se répétaient
tous les jours jusqu'au moment où le
faucon pouvait chasser tout de bon,
lâcher devant lui une perdrix à laquelle
on arrachait quelques plumes pour
rendre la capture plus facile à l'écolier;
quand il l'avait prise et rapportée, on
lui donnait à dévorer la tête et le cœur
de la bête. Pendant les premières le-
çons le faucon restait attaché à une
longue ficelle ; sans cette précaution il
eût pu, en termes consacrés, *emporter
les grésillons* (1), c'est-à-dire reprendre
sa liberté.

Pour dresser un faucon à chasser le

(1) Sonnettes, grelots.

lièvre, on enfermait un poulet dans une peau de lièvre, qu'on traînait devant l'oiseau. Celui-ci fondait dessus, et déchirait le mannequin à coups de bec et de serres. Le pauvre poulet passait naturellement sa tête par le premier trou fait à sa prison ; le faucon s'en repaissait, et finissant probablement par s'imaginer que tous les lièvres qu'il voyait contenaient des poulets, il les chassait à outrance.

Mais un lièvre vivant était un peu plus difficile à arrêter qu'une peau traînée au bout d'une ficelle. Il en résultait que lorsque le faucon s'abattait sur un véritable lièvre, l'animal emportait son ennemi cramponné sur son dos. Le faucon, pour enrayer dans cette course au clocher, cherchait à saisir au passage avec une de ses serres une branche d'arbre ou autre chose, et il y parvenait presque toujours ; mais au risque de s'écarteler, puisque sa serre, fixée à un point immobile, devait rompre brusquement l'élan du lièvre que tenait l'autre serre. Pour éviter une pareille catastrophe, les jambes du *faucon de lièvre* étaient liées ensemble par une courroie de cuir d'une longueur calculée pour rendre impossible un trop grand écartement des deux membres, sans nuire pourtant à leur jeu naturel. Malgré cette précaution, les faucons se cassaient assez fréquemment une jambe ; mais pourvu que l'articulation ne fût point compromise, les fauconniers étaient trop habiles fraters pour ne pas raccommoder, sans qu'il y parût, les tibias de leurs élèves.

Ce n'était donc qu'au moyen d'animaux de la même espèce que ceux qu'ils devaient chasser plus tard, que se dressaient les faucons. Il fallait par conséquent ample provision de volatiles, qui ne se laissent pas prendre facilement en vie, tels que milans et hérons : comme l'offre, dirait un économiste, égalait très-rarement la demande, on les payait toujours cher.

Mais si, laissant de côté les dépenses excessives qu'entraînait l'entretien d'une fauconnerie, on ne s'occupe que de la chasse à vol en elle-même, il faut convenir que les chasses princières contemporaines sont bien pâles en comparaison de la première, telle que la pratiquaient les rois et les seigneurs d'autrefois. Ce qui donnait un caractère tout particulier à ces chasses, c'est que les dames y assistaient, non comme simples spectatrices, mais en y prenant une part des plus actives. Or, par le seul fait que les femmes du plus haut parage tenaient leur place à ces fêtes, les rois, les princes, les seigneurs qui les organisaient devaient rivaliser de galanterie et de magnificence. Aussi les dames et leurs chevaliers, les pages, les écuyers, les fous, les nains, qui composaient leur suite obligée, tous vêtus d'habits somptueux, s'avançaient-ils sur des chevaux richement caparaçonnés, et portant comme leurs cavaliers plumes et rubans. Le costume spécial des fauconniers et de leurs aides n'était pas moins brillant ; enfin les chaperons des oiseaux, leurs grésillons, tout l'attirail de chasse en un mot était d'une richesse et d'un éclat en harmonie avec la magnificence du maître. Qu'on se figure le ravissant coup d'œil que devait présenter un semblable cortége, défilant dans l'avenue vaste et ombragée d'un château gothique, au bruit des fanfares que répétaient les échos de la forêt.

II

CHASSE AU CHIEN COURANT.

La chasse au chien courant, ou la chasse à courre, est ainsi nommée parce que les chiens avec lesquels on la pratique poursuivent le gibier et entament avec lui une lutte de vitesse en le suivant à la piste. Les animaux qu'on chasse le plus communément à courre sont le lièvre, le chevreuil, le cerf, le daim, le sanglier, le loup et le renard.

Le vrai but de la chasse à courre, c'est de *forcer l'animal qu'on a lancé*, c'est-à-dire de le poursuivre jusqu'à ce qu'il tombe, épuisé de fatigue, sous la dent des chiens. Les veneurs ne doivent pas par conséquent faire usage du fusil, mais du couteau de chasse, s'ils tiennent à se conformer aux saines traditions, et aux us et coutumes du grand art de la vénerie, qui a son code et ses législateurs. Cette règle souffre cependant une exception : c'est lorsqu'un vieux sanglier, renonçant à fuir, fait tête aux chiens et éventre tous ceux qui osent l'approcher. Alors il est permis de lui envoyer une ou plusieurs balles pour terminer la boucherie.

Mais ce n'est qu'aux veneurs de haut

titre et qui possèdent, outre le feu sacré, un attirail et un équipage de chasse au grand complet, qu'il est donné de vaincre ainsi un cerf de haute lutte. Pour se passer ce plaisir, il faut de bons chevaux, une meute nombreuse, des piqueurs, des valets de chiens ; toutes choses qui, n'étant à la portée que d'un petit nombre de privilégiés, tendent à rendre de plus en plus rares en France ces brillantes chasses de *meute à mort*, les seules dont faisaient cas nos chevaleresques aïeux.

Aujourd'hui en effet, dans la plupart des chasses à courre, les amateurs se postent partout où ils espèrent voir passer assez près d'eux l'animal poursuivi par les chiens, pour pouvoir lui lâcher un coup de fusil. Ce procédé (un peu bourgeois, j'en conviens) simplifie singulièrement la chasse, et a surtout l'avantage de la terminer promptement. On peut ainsi courir successivement plusieurs bêtes dans la même séance.

Comme je reviendrai forcément sur les détails et les divers incidents de la chasse à courre, en parlant des animaux qui en font l'objet, je me contenterai d'avoir indiqué en commençant le caractère distinctif de ce genre de chasse.

LE LIÈVRE.

Je commence par le lièvre, parce que sa chasse au chien courant est peut-être celle qui exige de la part du veneur le plus de sagacité pour la conduire à bonne fin, surtout lorsqu'il est bien décidé à forcer la bête et non à tirer à la première occasion favorable.

Sans avoir la réputation du renard, le lièvre, quand il a pris de l'âge et acquis à ses dépens une certaine dose d'expérience, qui lui vient très-vite, est un animal fécond en ruses et en ressources, et défendant admirablement sa peau. Quelques vieux bouquins poussent si loin l'art de dérouter hommes et chiens, que dans maintes localités les gardes et les paysans, après les avoir attaqués, perdus, tirés et manqués vingt fois, les déclarent sorciers et cessent dès ce moment de s'en occuper. Ils les verraient à vingt-cinq pas, tranquillement assis sur leur derrière, qu'ils ne se donneraient pas la peine d'armer leur fusil, tant est forte leur persuasion que ce serait brûler inutilement leur poudre.

Il est impossible de chasser en Flandre, en Vendée, en Poitou, sans entendre parler de ces prétendus sorciers, qui, une fois convaincus d'avoir commerce avec le diable, vivent tranquilles et meurent de leur belle mort, à moins qu'un incrédule, étranger au pays, ne les *roule* un beau matin aux yeux des badauds ébahis, et fort tentés de mettre sur la même ligne le chasseur et le lièvre.

Comme il n'est pas de chasseur digne

de faire partie de la confrérie du grand saint Hubert, à qui quelque lièvre n'ait joué un de ces tours de passe-passe dont il garde le secret, il n'est pas étonnant que si ce lièvre a eu affaire à un homme simple, ignorant et superstitieux, comme il s'en trouve encore tant dans les campagnes, celui-ci soit porté à croire qu'un lièvre ne peut être plus malin que lui sans l'intervention de Satan en personne. Cette manière d'expliquer un fait inexplicable a d'ailleurs le double avantage et de mettre l'amour-propre à couvert, et de pouvoir s'appliquer à tous les cas embarrassants.

Quand une fois les chiens courants ont levé un lièvre et se sont mis à ses trousses, ils le poursuivent en donnant de la voix (en aboyant), avec une ardeur et une persévérance à toute épreuve. L'odeur que la bête a laissée sur le terrain qu'elle a foulé, suffit pour les guider sur ses traces.

Ce fait, qui se renouvelle tous les

jours et auquel l'habitude de le voir se reproduire rend le chasseur indifférent, est cependant une des plus éblouissantes merveilles de la création. Quelle est donc la sensibilité de cet organe, si simple en apparence, qui permet au chien de saisir les émanations fugaces qu'un lièvre, dans sa course rapide, a laissées sur le sol battu d'une route ? Et remarquez bien ceci : si le chien sent les émanations du lièvre qui dans ses bonds a à peine effleuré le sol de ses ergots, de quelle masse de senteurs son odorat ne doit-il pas être constamment assailli ? Comment, au milieu de ce torrent d'effluves, distingue-t-il celle de son lièvre, et la suit-il au galop ? Comment, ce qui est plus incompréhensible encore, certains chiens, si la piste d'un lièvre autre que celui qu'ils chassent vient croiser celle du lièvre qu'ils ont lancé, démêlent-ils ces deux voies et se maintiennent-ils sur la bonne ?

Voilà une douzaine de chiens courants ; ils se sont éparpillés dans une plaine, chacun cherche de son côté, ils vont et viennent en tous sens. Les plus jeunes courent comme des fous, ne mettent aucun ordre, aucune méthode dans leur quête ; les vieux, plus expérimentés, se pressent moins, battent mieux le terrain, ne laissent pas un buisson, pas une touffe d'herbe sans y plonger leur nez.

Enfin un lièvre part, aucun chien ne l'a vu ; mais l'un d'eux, un adolescent, tombe sur la voie toute fraîche, et donne de la voix ; à ce signal, deux ou trois de ses camarades, jappant de confiance, accourent ; quant aux vieux routiers, ils les rejoignent nonchalamment : on voit qu'ils n'ont guère confiance dans le conscrit qui les appelle, et qu'ils craignent de se compromettre. Ils arrivent à leur tour sur la voie : parmi eux est *Ramoneau*, le chef de la meute, le vétéran dont l'opinion fait loi en cette circonstance comme toujours. Ramoneau renacle ; s'il déclare la piste bonne en mêlant sa voix à celle des conscrits, personne ne balance plus ; Ramoneau ne peut pas mentir, et la chasse commence.

Le lièvre (nous supposerons un bouquin aux jarrets d'acier, et qui connaît son affaire) est parti comme une flèche et gagne une énorme avance sur les chiens. Quand il ne les entend plus, il prend ses mesures, fait un bond de côté, marche prudemment sur la pointe de ses ergots, fait un nouveau bond, décrit une douzaine de cercles qui se coupent et se croisent en tous sens, regagne en trois ou quatre sauts le sentier qu'il a suivi d'abord, et s'élance au-devant des chiens jusqu'à ce que leur musique annonce leur approche. Alors, avisant à droite ou à gauche du sentier une touffe d'herbe haute et épaisse, il s'y jette d'un seul élan et s'y aplatit. A peine est-il *flâtré* (tapi) que les chiens surviennent, Ramoneau en tête. Attachés à la voie qui une seconde fois foulée par le retour du lièvre n'en est que plus vive, ils passent au galop, suivis des chasseurs, à côté du bouquin, qui rit dans ses moustaches en les voyant filer, et prend tranquillement le frais. Les chiens continuent leur course jusqu'à ce que tout à coup la piste leur manque là où le lièvre a fait son premier bond de côté. Arrivés là, ils s'arrêtent, se regardent : rien de comique comme la mine penaude des novices de la bande.

Ramoneau seul ne se déconcerte point. Il lance à son maître un coup d'œil d'intelligence, un coup de dent à un jeune étourdi qui vient le troubler dans ses recherches, et bat soigneusement les environs du point où finit la voie. Bientôt il annonce à sa manière qu'il a trouvé la place où le lièvre est retombé en sautant. Ses camarades aidant, et guidé par les émanations que le lièvre a laissées partout où il a touché le sol, il conduit la meute dans le champ qui a servi de théâtre aux évolutions multipliées que nous avons vu faire à notre lièvre. Là, nouvel embarras : qui débrouillera ces crochets, ces spirales qui se coupent et s'entre-croisent en tóus sens ? Chaque fois que Ramoneau croit tenir le fil du labyrinthe, ce fil le promène dans le champ sans en sortir.

Ramoneau ne tarde pas à s'apercevoir qu'il fait de la mauvaise besogne. Alors il s'asseoit philosophiquement et réfléchit. Ses camarades l'entourent et semblent l'interroger. Tout à coup une idée lumineuse traverse l'esprit du vétéran : il se souvient sans doute de la vivacité qu'a prise subitement l'odeur de la piste. Il laisse là le dédale, et court vers la voie du sentier. Son maître, qui a confiance en lui, le suit, et bientôt celui-ci, en regardant attentivement le sol du sentier, découvre une empreinte indiquant clairement que le bouquin est revenu sur ses pas : sa ruse est éventée, et à peine le chasseur a-t-il crié *hourvari* (1)! que Ramo—

____

(1) C'est le mot consacré par lequel les veneurs expri-

neau retrouve sa voie et part du côté du lièvre, entraînant toute la meute après lui.

Cet incident de la chasse au lièvre, quoiqu'à peine indiqué, peut donner une idée de tous les autres, que les moindres circonstances diversifient à l'infini. Ainsi souvent un lièvre poursuivi tombe comme une balle dans le gîte d'un autre lièvre et le force à partir à sa place. Si chiens et chasseurs donnent dans la ruse, adieu l'hallali final ; car le nouveau venu, frais et dispos, défie les chiens que son compère a déjà promenés depuis quatre à cinq heures, et dont les pattes commencent à se roidir. On a vu en pareille occasion un Ramoneau quelconque s'arrêter tout court, laisser chiens et chasseurs s'égarer sur les traces du lièvre de relai, revenir sur ses pas, retrouver son lièvre de meute,

ment que la bête chassée est revenue sur ses pas : les bons chiens comprennent ce terme aussi bien que leurs maîtres.

le remettre sur pied, et prouver ainsi qu'à lui seul il en sait plus long que toute la compagnie.

Ce n'est ordinairement que lorsqu'il commence à se fatiguer et à comprendre que ses jambes seules ne le sauveront pas, qu'un lièvre appelle à son secours toutes les ruses de son esprit, toutes les ressources de son expérience. Traverser une rivière, se jeter au milieu d'un troupeau de moutons et y rester, se faufiler dans la cave d'une ferme par un soupirail, entrer dans une église et se blottir sous un banc, c'est l'A b c de son métier ; il connaît des manœuvres bien plus compliquées, bien plus savantes ; celle-ci par exemple : il décrit en courant un immense cercle, dont il ne s'écarte pas, repassant toujours où il a passé. Comme il va, quand il veut, beaucoup plus vite que les chiens qui suivent sa piste, un bon temps de galop l'amène bientôt jusqu'à une centaine de pas derrière eux. Une fois là, mon gaillard règle son allure sur celle des chiens, et quand il trouve que la leçon de manége qu'il leur donne est suffisante, il se dérobe d'un bond, et laisse les chiens continuer leur ronde aussi longtemps qu'ils le peuvent.

« Un lièvre, disait un jour un vieux chasseur, est capable de tout, une seule chose exceptée : c'est d'échapper à une meute de bons chiens dirigés par un veneur émérite. » C'est le plus beau compliment qu'on puisse faire aux lièvres, aux chiens et à leurs maîtres.

Quand un lièvre a vainement dépensé tout ce qu'il y avait de vigueur dans ses jarrets et de stratagèmes dans son sac, un chien le happe, mais ne le tue pas ; car il est déjà mort de fatigue. Depuis quelques moments, en effet, ce n'est plus un animal qui court, c'est une mécanique dont les ressorts achèvent de se détendre.

Les chasseurs qui se respectent abandonnent aux chiens le lièvre qu'ils ont forcé ; on le coupe en morceaux pour que tous aient leur part, et au besoin on allonge le plat avec du pain trempé dans le sang du vaincu. Un veneur qui se conduirait autrement avec ses chiens, ne mériterait de chasser qu'avec des roquets et des caniches, car il démoraliserait Ramoneau lui-même. A quoi bon, ne manquerait-il pas de se dire, cet intéressant quadrupède, à quoi bon me tuer le corps et me creuser la cervelle, si je n'y trouve pas mon compte ? Si mon maître voulait le lièvre, pourquoi ne lui a-t-il pas lâché un coup de fusil ? On m'a laissé toute la corvée, donc j'ai droit au lièvre... Une autre fois on ne m'y prendra plus.

LE CERF, LE DAIM ET LE CHEVREUIL.

Malgré un certain nombre de traits de ressemblance dans la forme générale du corps, dans les mœurs et dans la manière de se nourrir, le cerf, le daim et le chevreuil constituent cependant trois espèces qui ne s'allient jamais et vivent complétement séparées. J'ajouterai même que si un examen superficiel multiplie ces points de ressemblance plus apparents que réels, une étude sérieuse de ces animaux creuse de plus en plus profondément la ligne de démarcation qui les sépare.

Le cerf est le plus gros et le plus fort des trois : c'est un animal paresseux et d'une excessive timidité. Cependant, lorsque toute fuite lui est devenue impossible, il se défend bravement contre les chiens, et les coups qu'il leur porte avec ses andouillers leur font des blessures toujours dangereuses quand elles ne sont pas mortelles. Rien n'est plus vrai que ces quatre vers d'un vieux poëte :

Aussitôt que le cerf a touché de la teste

Homme, cheval ou chien, ou bien quelque autre beste,

A tard vient le barbier, à tard le médecin ;

Car penser le guérir c'est travailler en vain.

Seulement, il est rare aujourd'hui que le cerf blesse les chevaux et les hommes ; cela n'arrive que lorsqu'un cerf, lancé à fond de train dans l'étroit sentier d'une forêt, rencontre inopinément un chasseur qu'il voit trop tard pour l'éviter. Alors il le bouscule en le frappant de son bois, par suite de son habitude d'opposer cette arme à tous les obstacles qu'il rencontre. En 1828, un homme de l'équipage du roi Charles X fut tué ainsi sur le coup par un cerf qui fuyait devant des traqueurs.

Il est encore à remarquer que la prise d'un cerf par les chiens est presque toujours plus chèrement achetée que celle d'un sanglier. Cela provient de la nature de l'arme dont ces deux animaux sont pourvus. La défense du sanglier, aiguë et tranchante, par sa forme et par la manière dont il s'en sert, multiplie, il est vrai, les blessures ; mais la plupart du temps elles ne pénètrent pas et n'atteignent que la peau. Le cerf, au contraire, ou lance un chien en l'air sans l'entamer, et alors il en est quitte pour des contusions, ou le perce de ses andouillers, et alors le compte de la pauvre bête est réglé, disent les piqueurs. Sur vingt chiens *décousus* par un sanglier, quinze en réchappent et se promènent trois jours après la bataille.

Il est assez étrange qu'un animal aussi léger, aussi finement taillé, aussi agile que le cerf soit paresseux et grand ami du repos; rien n'est cependant plus vrai. Tant qu'il n'est point inquiété, il marche à petits pas et comme en flânant; s'il rencontre un fossé qui lui barre le chemin, au lieu de se donner la peine de le franchir d'un bond, il le longe jusqu'à ce qu'il ait trouvé un endroit favorable pour y descendre et remonter sur le talus opposé. Tout dans son allure habituelle annonce la fainéantise. Quand il n'a pas faim, il passe son temps à dormir ou à se reposer.

Le daim tient le milieu pour la taille entre le cerf et le chevreuil. Il y a un

grand nombre de variétés de daims ; ils
diffèrent par la couleur du pelage, par
la taille, par la forme de leur bois, par
les proportions respectives de leurs
membres. Pendant l'été, la variété la
plus commune en France porte une fort
belle robe. C'est un mélange de brun
noir et de brun marron parsemé de
taches claires. Deux bandes blanches
partant des épaules courent le long
des flancs et viennent se confondre à la
queue, qui est beaucoup plus longue
que celle du cerf.

Leur livrée d'hiver est moins brillante ; toute la partie supérieure du
corps prend une teinte olivâtre, les
flancs deviennent d'un gris foncé et le
ventre d'un blanc sale. Le daim reste
dans cet état depuis le mois de décembre
jusqu'au mois de juin suivant.

Le daim est un habitant des zônes
tempérées ; sa vie est moins longue que
celle du cerf. Il préfère les pays secs,
les collines boisées aux contrées plates
et humides. Moins difficile pour sa nour-

riture que le cerf, il conserve mieux sa chair que celui-ci dans les temps de disette. Les forestiers l'accusent de faire grand tort aux forêts et surtout aux jeunes tailles, parce qu'il coupe de très-près les nouvelles pousses dont il est fort friand.

La chasse du cerf et du daim offrent des différences très-notables, au dire des veneurs. D'abord il est beaucoup plus difficile de lancer un cerf qu'un daim, parce que le premier parcourt chaque nuit de grandes distances, et ne revient à son fort (son domicile habituel) qu'après des marches et des contremarches pour dérouter ceux qui voudraient venir l'y troubler. Le daim, au contraire, vit en troupe ; et comme cette troupe ne s'écarte guère du cantonnement qu'elle a choisi, on n'a jamais grand'peine à la trouver. Mais quand, au moyen de quelques chiens, on a mis la *harde* (la troupe de daims) sur pied, il est moins facile d'en séparer une bête pour lui donner la chasse. Ce n'est que lorsqu'on y est parvenu que celle-ci commence réellement.

Le cerf, aussitôt que les chiens sont à ses trousses, détale à fond de train et entraîne la chasse au loin. Le daim, au contraire, ne quitte pas ses cantonnements habituels ; il va, vient, multipliant les crochets et les détours, s'écartant le moins possible de la harde et se mêlant avec elle. On comprend que ce manége complique singulièrement la besogne des chiens et des veneurs, parce qu'il est très-difficile de reconnaître la piste du daim de meute qui se confond avec celle des autres individus de la harde : cependant, sous peine de perdre son temps, il ne faut laisser ni repos ni trêve au daim primitivement attaqué. Dans cette chasse, les changes sont à redouter : quelquefois les chiens se divisent et s'animent tellement en revoyant fréquemment la bête qu'ils suivent, que ce n'est qu'avec les plus grands efforts que les veneurs les rallient sur la bonne voie. Dans ses

combinaisons et ses moyens de défense , le daim fait preuve de beaucoup
plus d'intelligence que le cerf, qui
semble se fier davantage à la force de
ses jarrets qu'à ses ressources straté-
giques.

J'ai dit que le daim ne s'écartait guère
du lieu où il avait été lancé; quelquefois
cependant il fait une pointe de plusieurs
lieues, mais c'est pour revenir mourir
où il a vécu. Lorsque après une assez
longue excursion le daim regagne son
cantonnement, les veneurs savent que
sa fin est proche. Alors le pauvre animal
aux abois circonscrit ses évolutions dans
un espace de quelques hectares. Les
décrire serait impossible, car il ne fait
pas cinquante pas en droite ligne : c'est
une suite de bonds et d'écarts entre-
coupés de pauses. Ses voies s'entre-
lacent comme un réseau , et fuient en
tous sens tortueuses et brisées. Ce qui
devrait le sauver cause sa perte; car les
chiens manquent rarement de s'épar-
piller, et alors, entouré d'ennemis, il

n'évite plus l'un que pour rencontrer la gueule d'un autre.

Il y a deux sortes de curée pour le daim comme pour le cerf : la curée froide et la curée chaude. La curée froide se fait avec moins de cérémonie que la curée chaude. Elle a souvent lieu le lendemain matin de la chasse, et consiste à abandonner aux chiens le corps de la bête, dont on a levé les meilleurs morceaux.

Pour la curée chaude, voici comment on procède selon les règles, d'après un traité de vénerie :

« Lorsque l'animal est à terre, le premier piqueur lève le pied droit ainsi que les daintiers et la langue pour les remettre au commandant, qui les présente au maître de l'équipage lorsqu'il assiste à la chasse ; puis les valets de chiens déshabillent le daim. On lève les filets destinés au commandant, et chacun des veneurs présents a sa part des cuisses et des épaules.

« Cela fait, on recouvre la carcasse du

daim avec la nappe (la peau), dont on a eu soin de ne pas séparer la tête. On place le massacre (le nez) contre terre et le bois en l'air dans l'attitude d'un daim qui serait à la reposée. On sonne un à-vue en secouant la tête de l'animal ; puis, après une fanfare pendant laquelle on tient sous le fouet la meute impatiente, en enlève tout à coup la nappe en criant aux chiens : Taïaut ! taïaut ! hallali ! valets ! hallali !

« On veille pendant le repas à ce qu'ils ne se battent point entre eux ; et, lorsqu'il ne reste plus que les os, on les fait retirer, puis on les ramène au chenil en sonnant la retraite prise après les avoir recouplés. »

Il est beaucoup plus rare de tuer à l'affût ou en le surprenant un daim qu'un cerf ou un chevreuil, parce qu'après le loup c'est le daim qui évente son ennemi de plus loin, grâce à la finesse remarquable de son odorat. A l'inverse du cerf, qui pendant la nuit vient jusque dans les villages ravager les jardins où il peut pénétrer, le daim ne se rapproche jamais de la demeure de l'homme. Enfin, pour terminer par un dernier point de dissemblance, tandis que le cerf, qui dans sa fuite rencontre un fleuve, un étang, le traverse hardiment, le daim ne s'y aventure qu'avec hésitation, et reprend le plus souvent terre du côté où il s'est jeté à l'eau.

On chasse le chevreuil, ce joli animal aux formes si gracieuses, au regard si vif et si doux à la fois, aux mœurs si aimables, à peu près de la même manière que le daim et le cerf. Il est cependant si difficile à forcer, que le plus souvent les veneurs sont obligés, pour en finir avec lui, de *découpler le quatrième relai*, ce qui veut dire, en langage ordinaire, d'avoir recours au fusil.

Le chevreuil, en effet, est beaucoup plus rusé que le cerf et le daim, et peut fournir une course plus longue et plus soutenue ; en outre, les émanations qu'il laisse sur son passage, émanations qui guident les chiens, perdent de leur intensité à mesure que la chasse se prolonge et deviennent presque insaisissables. Tout cela explique l'intervention du *quatrième relai,* et la tolérance avec laquelle les veneurs les plus jaloux de leur art considèrent cette infraction à la règle.

Cette locution (le quatrième relai) doit son origine à ce que la chasse à courre du chevreuil exige trois relais de chiens. Ce n'est que lorsqu'on prévoit qu'ils seront insuffisants et que le troisième faiblit qu'il est permis de découpler le quatrième : métaphore assez bien trouvée, puisqu'elle voile à la fois une transgression au code cynégétique et sauve l'amour–propre des veneurs.

Le chevreuil, quand il est lancé, emploie tour à tour, pour dérouter les chiens, les combinaisons du cerf, celles du daim et quelques–unes qui lui sont propres.

Ainsi il perce en avant comme le cerf et entraîne la chasse à des distances de plusieurs lieues. Mieux que le cerf, il calcule l'avance qu'il a sur les chiens, se laisse rapprocher et se jette sur le ventre dans l'espoir que ceux-ci, entraînés par leur ardeur, le dépasseront et se fourvoieront au loin ; il entremêle ses voies comme le daim, et sait mieux que lui, après avoir exécuté une pointe, revenir sur ses pas, doubler sa voie et choisir l'endroit le plus favorable pour se détacher de terre et se dérober de côté en quelques bonds. On cite un chevreuil qui, pendant trois jours de suite, mit les chiens et les chasseurs en défaut en marchant plus d'un kilomètre dans un fossé plein d'eau et en interrompant ainsi complétement sa voie.

Ce sont les fréquents défauts dans lesquels tombent les chiens en chassant le chevreuil qui empêchent surtout de le forcer : rarement les chiens perdent définitivement sa trace ; ils la retrouvent toujours, mais après un temps plus ou moins long ; et, pendant qu'ils se fatiguent à la retrouver, le chevreuil se

repose ; et quand ils le remettent sur
pied, il est assez rafraîchi pour conserver sur eux l'avantage de la vitesse.

Si après une longue et savante défense
le chevreuil se sent au bout de ses forces,
il se rase au fond d'un fourré épais;
et là, immobile, se faisant le plus petit
possible, il attend ses ennemis. Chaque
coup de dent que lui porte la meute lui
arrache des plaintes et des gémisse-
ments si expressifs, que plus d'un chasseur en serait péniblement affecté si les
aboiements des chiens ne les couvraient
entièrement.

Le cerf, qui n'a avec ses semblables
que des rapports passagers, ne donne
des preuves d'intelligence que dans ses
démêlés avec l'homme; de plus, il paraît très-pauvrement doué de qualités
affectives. Le chevreuil, au contraire,
se choisit une compagne, s'y attache,
et la mort seule peut alors séparer ce
couple si bien uni.

LE LOUP ET LE RENARD.

Aujourd'hui on ne se donne plus la peine de forcer le loup ; on emploie sans scrupule tous les moyens de le détruire au plus vite et le plus sûrement. Sa poursuite n'est plus une chasse proprement dite, c'est une guerre à mort que l'on fait à un brigand, à un meurtrier dont il s'agit de délivrer le pays et d'anéantir la race. Il est permis de le tuer par surprise, couché, à l'aide de piéges et de traquenards de toute espèce. On le tire donc dès qu'on le peut et aussi souvent qu'on le peut.

Le loup, quand il est chassé, ne ruse pas, il fuit le nez au vent, perçant droit devant lui ; son odeur est si forte et les chiens le suivent avec un tel acharnement, que le défaut est presque impossible. Mais, comme le loup est plus vigoureux que le chien, il le lasse, le distance et lui échappe, à moins qu'un coup de fusil ne l'arrête court ou ne le blesse de manière à le priver d'une partie de ses moyens.

Si le loup lancé par les chiens ne ruse pas, ce n'est pas faute d'intelligence ; il n'en manque pas, et ses combinaisons pour s'emparer de sa proie le prouvent surabondamment. Il ne se donne pas la peine de ruser, parce qu'il compte sur la vigueur de ses jarrets, et qu'il sait par expérience qu'une fuite rapide et soutenue, qu'une pointe d'une vingtaine de lieues est le meilleur expédient pour se dérober à ses ennemis.

Aussi la grande affaire du louvetier qui chasse un loup à courre est-elle d'empêcher l'animal de quitter le canton et de circonscrire sa fuite dans un rayon le moins étendu possible, afin de l'obliger à passer à portée des tireurs, postés d'avance aux endroits les plus propices. Malheureusement pour eux, le loup est doué de sens si impressionnables et d'un odorat tellement subtil, que, malgré la vélocité de sa course, il les évente de fort loin et se détourne par un brusque crochet à droite ou à gauche. S'il rencontre sur son passage une ligne serrée de tirailleurs et qu'il se trouve dans la nécessité de forcer leur ligne, d'un coup d'œil il a jugé le terrain, et profitant des moindres couverts, s'allongeant et s'aplatissant comme une fouine, il passe avec la rapidité d'une flèche, et souvent il est hors de l'atteinte d'une balle quand on le revoit.

Dans une chasse aux environs de Paris, un loup déjà blessé avait été acculé dans un petit bois tout autour duquel s'étaient rangés, à une très-petite distance les uns des autres, une véritable armée de chasseurs. Tous considéraient le loup comme tué. En effet, les chiens le harcelaient dans l'intérieur du bois, et il ne pouvait en sortir sans essuyer à brûle-poil cinq ou six coups de fusil. Mais nos chasseurs apprirent bientôt à leurs dépens qu'on ne tient un loup que quand il est par terre.

Une route royale longeait le bois dans lequel le loup était cerné. Ce bois était traversé par un fossé très-encaissé et très-profond, à sec en ce moment, et qui en sortant du bois passait sous la route dans un aqueduc en maçonnerie. Pendant que nos chasseurs attendaient le loup au débûcher, celui-ci suivait en tapinois le fond du fossé, enfilait l'aqueduc, en ressortait de l'autre côté de la route, et toujours au fond du fossé se donnait une belle avance.

Ce ne furent pas les chasseurs qui l'aperçurent les premiers, mais un paysan qui à deux cents pas de là se mit à crier : Au loup ! de toute la force de ses poumons. Grande fut la surprise de ces messieurs, qui ne comprirent la ruse du madré compère que lorsqu'ils virent leurs chiens disparaître à leur tour dans l'obscur couloir, en suivant la voie du loup.

J'ai dit qu'aujourd'hui on ne s'amusait plus à forcer le loup, parce que c'était une entreprise des plus ardues ; en voici la preuve :

Dans la seconde moitié du dernier siècle, des officiers français, en garnison à Lunéville, apprirent qu'un maître loup ravageait les troupeaux dans les environs de Nancy, et que ses méfaits prenaient des proportions inquiétantes.

Ces officiers, appartenant aux plus hautes familles, jeunes, braves, et surtout déterminés chasseurs, se firent une véritable fête de délivrer le pays de l'animal carnassier.

Arrivés sur les lieux avec leur meute, leurs piqueurs, ils commencèrent par un excellent déjeuner, et prirent au dessert l'engagement assez téméraire de ne pas tirer le loup, en eussent-ils dix fois l'occasion, mais de le forcer loyalement.

Le loup ayant été mis sur pied à une petite distance du village de Maréville, la chasse commença. Mais dès ce moment les veneurs virent qu'ils avaient affaire à forte partie. Le loup, en effet, au lieu de partir à fond de train, comme un animal effrayé, n'eut pas du tout l'air de vouloir se presser, et se contenta de conserver entre les chiens et lui une faible distance.

Aucun incident ne vint ce jour-là traverser la chasse : seulement elle avait commencé à une heure et demie du soir, avait continué sans la moindre interruption, et à neuf heures nos officiers se trouvaient par une nuit noire au fin fond d'une forêt. Bêtes et gens n'en pouvaient plus ; il fallut donc s'arrêter et trouver un gîte. Une cabane de charbonnier les reçut ; ils y mangèrent et y dormirent comme ils purent : que leur importait une nuit de bivouac de plus ou de moins ?

Le loup, de son côté, avait aussi besoin de repos ; il soupa d'un chien qui avait eu la malencontreuse idée de s'éloigner du camp, et dormit dans les environs, puisque le lendemain on le trouva et on le mit sur pied sans le moindre embarras. La chasse recommença donc. Mais ce second jour fut absolument la répétition du premier : deux heures après le coucher du soleil il fallut rompre les chiens, et chercher un gite à plus de trente lieues de Maréville.

Le troisième jour, au lancer, nos officiers, malgré leurs conventions, saluèrent le loup au départ de cinq ou six coups de feu. Ils avaient la réputation très-méritée d'excellents tireurs, et cependant, quoique le loup leur passât à vingt-cinq pas en plein travers, ils le manquèrent ; le seul résultat apparent de la fusillade, ce fut d'engager la bête à ne plus se présenter à portée et à presser son allure.

A force de traverser des champs, des bois, des villages, toujours à la queue du loup, les officiers franchirent les frontières de France, et se trouvèrent le troisième jour, vers les dix heures du matin , sur les terres de l'électorat de Trèves. Ce fut alors seulement que le loup commença à baisser visiblement, et à perdre de ses moyens ; une heure plus tard il n'en pouvait plus, ses jambes roides comme des piquets lui donnaient une dégaîne étrange ; et tandis que les quelques chiens qui s'étaient montrés jusqu'au bout dignes de leurs maîtres, lui mordaient les jarrets, les chasseurs lui cinglaient les côtes avec les mèches de leurs fouets. Enfin il voulut sauter un fossé , manqua son coup, roula au fond et y fut ignoblement étranglé par l'élite de la meute.

Les officiers firent le même soir une entrée triomphante dans la ville de Trèves. L'électeur les reçut dans son palais et les traita magnifiquement.

On voit, d'après cette chasse homérique, dont le père du marquis de Foudras, à qui j'emprunte le fond de mon récit, fut un des héros, ce qu'il peut en coûter à ceux qui entreprennent de forcer un loup.

La fameuse bête du Gévaudan, sur laquelle on a débité tant de fables, était un loup d'une taille et d'une force tout à fait exceptionnelles, ainsi que le constate le rapport des chirurgiens qui dépecèrent l'animal. Ce loup, comme on n'en avait peut-être jamais vu, mesurait (vieux style) trente-deux pouces de hauteur, cinq pieds sept pouces et demi de longueur, trois pieds de circonférence, et pesait cent cinquante livres.

Il parut dans le Gévaudan, et commença ses ravages en juin 1764. Il attaquait, de préférence aux animaux, les femmes et les enfants. Il devint si redoutable que les syndics de Mende et de Viviers proposèrent une prime de deux cents livres à celui qui le tuerait. Bientôt les états du Languedoc promirent de leur côté une récompense de deux mille livres. Enfin l'évêque de Mende, par un mandement spécial, ordonna dans toutes les paroisses de son diocèse des prières publiques et une procession. La terreur arriva à un tel point, que les relations de village à village s'interrompirent. Les bergers ne voulurent plus conduire les troupeaux aux pâturages, et les paysans ne se hasardaient plus hors des villages qu'en bon nombre et bien armés.

Le gouverneur de la province, après plusieurs chasses infructueuses, ordonna une levée en masse. Soixante-treize paroisses du Gévaudan et trente-deux paroisses du Rouergue, répondirent à son appel et fournirent une véritable armée de chasseurs; ils étaient près de vingt mille. On organisa une battue. La bête fut lancée, essuya plusieurs coups de feu presque à bout portant, mais s'échappa. Dans cette chasse, un curé surtout se distingua et poursuivit la bête pendant plusieurs lieues, suivi seulement par dix de ses paroissiens. Une seconde, une troisième levée de boucliers, dirigées par les meilleurs louvetiers de France, n'eurent pas plus de résultat que la première.

Alors le roi Louis XV fit annoncer qu'il ajouterait une somme de six mille livres aux deux mille deux cents livres déjà proposées pour la tête du monstre.

Des amateurs, venus de tous les points de la France, essayèrent vainement de l'abattre. Plusieurs même eurent recours au poison; mais il brava le poison comme il avait jusque-là bravé les balles. Dès ce moment la bête du Gévaudan fut déclarée invulnérable; et la crédulité populaire, la vérité aidant un peu, accueillit au sujet de la bête les récits les plus fantastiques : elle vomissait des flammes, les balles rebondissaient sur sa peau, elle se rendait invisible, etc. Enfin le 20 septembre 1765, un lieutenant des chasses du roi, le sieur Antoine, prit si bien ses mesures qu'il cerna la bête dans un bois, et eut l'honneur de la tuer de sa propre main d'un coup de tromblon. Ce tromblon, dit le rapport, était chargé de deux dés de poudre, trente-cinq chevrotines et une balle de calibre.

Il résulte d'une pièce officielle déposée à la bibliothèque nationale, que le loup, depuis le mois de juin 1764 jusqu'à sa mort, c'est-à-dire pendant une période de quinze mois, dévora quatre-vingt-trois personnes (1) et en blessa plus ou moins grièvement une trentaine. On dépensa pour le tuer vingt-neuf mille six cent quatorze livres tournois.

Il n'y a guère que les Anglais qui chassent le renard à courre dans toutes les règles, et qui cherchent à le forcer. Ordinairement ce renard est pris d'avance et même très-souvent expédié du continent. On l'apporte dans un sac au rendez-vous de chasse. Là, quand chiens et cavaliers sont prêts, on secoue le sac, l'animal décampe, et la poursuite commence. Le renard, compléte-

(1) Il est probable qu'on mit sur le compte de la bête du Gévaudan les méfaits de plusieurs autres loups. Cependant on crut remarquer que les loups disparaissaient des cantons où la bête s'établissait.

ment dépaysé, ne *se terre* pas et parcourt des distances énormes. Favorisé par sa petite taille, il se glisse à travers les haies, s'enfonce dans les fourrés les plus épais. Les chasseurs, montés sur des chevaux parfaitement dressés à cette chasse, ou plutôt à cette course, franchissent après lui tous les obstacles. Rien ne les arrête : ni les haies, ni les fossés, ni les barrières, ni les pentes les plus rapides, ni les côtes les plus escarpées ; c'est un tourbillon qui passe ; et, chose étrange, on dirait que l'espèce d'enivrement qui pousse les chasseurs à la suite du renard est partagé par les chevaux eux-mêmes. En effet, le cheval dont le cavalier est resté dans un fossé ou sur une haie continue à chasser pour son propre compte, et, à moins d'accident, il se trouvera un des premiers à l'hallali.

Cette chasse, ou plutôt cette course au clocher, est, comme on le pense bien, féconde en accidents de tous genres et même en catastrophes ; mais son accompagnement habituel de jambes cassées , de bras démis, de têtes fêlées, au lieu de refroidir nos voisins d'outre-mer, aiguillonne leur ardeur ; le véritable *fox hunter* (1), quand il parle d'une de ses chasses, énumère aussi complaisamment et avec autant d'orgueil ses propres culbutes et celles de ses compagnons, qu'un chasseur français les cailles qu'il a tuées un jour d'ouverture.

Cette chasse, du reste, n'offre d'autre difficulté que celle de suivre la bête. La seule condition qu'elle exige, c'est de ne faire qu'un avec son cheval; car l'odeur que le renard laisse sur son passage est si forte, qu'il est à peu près impossible que les chiens tombent en défaut. Comme je le disais plus haut, ce n'est pas une chasse, c'est une course au clocher avec un but qui fuit.

(1) Chasseur au renard.

En France on chasse aussi le renard au chien courant, mais d'une tout autre manière : d'abord parce que c'est un renard sauvage, et non un renard domestique nourri et quelquefois élevé pour l'amusement des *fox hunters* ; ensuite parce qu'on le tire à la première occasion, pour débarrasser plus sûrement le voisinage d'un hôte très-incommode, et également détesté des paysans dont il croque les volailles, et du chasseur dont il détruit le gibier.

LE SANGLIER.

Le sanglier se chasse au chien courant comme le daim, le cerf et le chevreuil. Sa course est très-rapide ; elle a quelque chose de brutal et d'impétueux qui étonne le veneur novice. Cependant, deux à trois heures au plus suffisent ordinairement pour forcer un sanglier, parce que son volume et sa conformation ne lui permettent pas de fournir une traite aussi longue que les sveltes hôtes de nos forêts, dont je parlais quelques pages plus haut.

Le sanglier, pour faire tête aux chiens, n'attend pas qu'il soit au bout de ses forces : assez souvent les vieux, s'ils rencontrent un endroit favorable où ils ne peuvent être attaqués que de face, s'arrêtent et se mettent en défense dès le début de la chasse. Les soies hérissées, le cou tendu, sans se laisser intimider par les aboiements des chiens, ils décousent le premier qui ose les approcher. L'arrivée des piqueurs et des cavaliers peut seule les décider à battre en retraite; et il est rare qu'en partant comme la foudre ils ne blessent pas encore quelque chien qui ne se jette pas assez lestement de côté.

Le sanglier ne ruse pas; car on ne saurait employer ce mot pour exprimer la manière toujours habile avec laquelle il choisit son terrain, pour vendre chèrement sa vie quand une plus longue fuite lui est devenue impossible.

La chasse au sanglier n'est pas sans dangers. On les a beaucoup exagérés ; mais ils sont réels. Dès qu'un sanglier est sur ses fins, c'est-à-dire incapable de faire un pas de plus, ce que les veneurs reconnaissent au premier coup d'œil, on se hâte de l'abattre ; l'arme la plus usitée en pareil cas est la carabine. Un couteau de chasse serait plus dans les règles ; mais son emploi exige un sang-froid, une force et une adresse qui se trouvent rarement réunis chez la même personne.

Quand un sanglier fuit devant les chiens, il faut soigneusement éviter de se trouver sur son passage, et bien se garder de le tirer venant à vous. Comme on l'entend de fort loin, on a le temps de se ranger de manière à ne lâcher ses deux coups de feu que lorsqu'il vous a dépassé ; le sanglier ainsi blessé revient rarement sur le chasseur qu'il n'a pas vu. Cela n'est cependant pas sans exemple ; il ne vous reste alors d'autre parti que de grimper à un baliveau, si vous en avez le loisir, ou de jouer à cligne-musette derrière les troncs d'arbre de la forêt, en attendant qu'on vienne à votre secours.

Ces accidents, du reste, sont beaucoup moins fréquents dans la chasse à courre que dans la chasse à *la traque,* parce que dans la première le sanglier s'occupe moins des veneurs que des chiens. Dans la seconde, un grand nombre de traqueurs évoluent dans un canton de manière à renfermer une compagnie de sangliers dans un cercle qui se rétrécit sans cesse. Les sangliers, effrayés, détalent de tous côtés ; mais si les chances de les tirer sont très-nombreuses, celles de certains tête-à-tête peu agréables ne le sont pas moins.

Dans quelques provinces, et notamment en Champagne, les chasseurs se font accompagner dans les battues d'un homme portant une échelle solide, à la partie supérieure de laquelle est disposé une espèce de siége formé de deux ou trois planches. Après avoir fixé son échelle, munie de crampons, à un arbre situé près d'une coulée où il est probable que passeront les sangliers, notre prudent chasseur grimpe sur son blockhaus improvisé ; et de là, sans courir le moindre risque, il foudroie les sangliers qui se présentent. Ce procédé offre plusieurs avantages, qui rachètent ce qu'il a d'embarrassant. Le premier, c'est que le chasseur tirant toujours de haut en bas sous un angle de cinquante à soixante degrés, ne craint pas que ses balles, en s'égarant au loin, aillent frapper un traqueur qu'il ne voit pas. Le second avantage, c'est que tandis que le chasseur profite de sa position élevée pour découvrir le sanglier beaucoup plus tôt, celui-ci ne l'évente pas, et s'en vient passer sans méfiance à côté de l'échelle.

Enfin une dernière manière de

chasser le sanglier, la plus simple de toutes et non la moins meurtrière, c'est d'aller par un beau clair de lune se mettre à l'affût dans un champ de pommes de terre ou dans une vigne, lieux que le sanglier affectionne particulièrement et où il commet d'affreux dégâts. En se plaçant à bon vent, en se tenant dans une immobilité complète, en résistant à la tentation d'allumer une pipe ou un cigare, on peut espérer, s'il y a des sangliers dans le voisinage, de faire ce qu'on appelle un beau coup de fusil. Mais comme l'ouïe et l'odorat du sanglier sont d'une finesse extrème, et sa défiance non moins grande, le moindre bruit, la plus légère émanation qui lui révèlerait votre projet aurait pour résultat immanquable de l'engager à rebrousser chemin, et vous en seriez pour une faction inutile.

III

CHASSE AU CHIEN D'ARRÊT.

La chasse au chien courant n'est pas, comme on a pu le voir par ce qui précède, à la portée de tout le monde; c'est la chasse princière et aristocratique par excellence, puisqu'elle exige un attirail très-compliqué et surtout très-dispendieux. La chasse au chien couchant, ou d'arrêt, est, au contraire, un amusement qu'on se donne à peu de frais et sans préparatifs. On n'a besoin de personne pour se mettre en campagne ; quand le cœur vous en dit, vous prenez votre fusil, votre carnier, vos munitions, vous sifflez votre chien qui bondit de joie, et vous partez pour rentrer au logis dès que vous en avez assez.

Le chien d'arrêt, autant par instinct

que par éducation, chasse tout autrement que les chiens courants ; tandis
que ceux-ci s'élancent en aboyant sur
la voie du gibier qu'ils ont levé, sans
s'inquiéter si les veneurs sont près ou
loin, les suivent ou non, le chien d'arrêt quête avec précaution à une petite
distance de son maître. Son nez lui
annonce-t-il la présence d'une compagnie de perdreaux, il s'arrête, attend son maître, puis s'avance doucement, pas à pas, jusqu'à ce que son
regard fascinateur cloue les perdrix
sur place. Tant que le chasseur n'a pas
tiré, il reste immobile ; à peine les
deux coups de feu sont-ils partis qu'il
s'élance en avant, non pas après les
perdrix qui s'envolent, mais vers celles
qu'il a vues tomber ; et encore n'est-ce
pas pour les déchirer à belles dents et
les avaler, comme les chiens courants
ne manqueraient pas de le faire en pareille occasion, c'est pour les saisir
délicatement et les rapporter fidèlement
à son maître.

Quoiqu'on puisse à la rigueur chasser au chien d'arrêt toute espèce de gibier, c'est pour les perdrix, la caille, le faisan, le lièvre, la bécasse qu'on s'en sert le plus communément. L'intelligence et la docilité d'un bon chien couchant sont trop connues pour que je m'étende sur ce sujet, qui fournirait la matière de plus d'un volume. Qu'il me suffise de dire qu'il s'établit entre le chasseur et son chien une association dans un but défini, où, l'un apportant son fusil, l'autre son odorat, ils manœuvrent de concert, et qu'il est impossible d'expliquer un certain nombre d'actes qui résultent de cette association sans admettre que, pour sa part, le chien se souvient, comprend, raisonne et conclut presque aussi bien que son maître, dans une sphère d'idées beaucoup plus grande qu'on ne le pense généralement. J'en citerai un seul exemple, dont j'ai été personnellement témoin.

Je chassais aux canards sauvages avec un de mes amis : comme il gelait très-fort, nous nous dirigeâmes vers un vaste marais, au centre duquel jaillissait une fontaine dont les eaux ne prenaient jamais, quelque froid qu'il fît. Mais si ces eaux, qui formaient une flaque de vingt à trente pas de circonférence, ne gelaient point, les larges feuilles des roseaux qui y croissaient en masse serrée, baignées par les abondantes vapeurs de la source, étaient devenues roides et coupantes par l'effet du froid.

Mon compagnon envoya son chien dans la flaque; il y fit lever une bande de canards, et revint avec les oreilles et le museau fort endommagés par les feuilles des roseaux au milieu desquels il avait dû se frayer un passage en nageant.

Nous réglâmes notre tournée de manière à faire une nouvelle visite à la source en regagnant la ville. Nous y trouvâmes encore des canards, ce qui n'avait rien d'étonnant, puisque c'était le seul endroit à deux lieues à la ronde où l'eau ne fût pas glacée. Nous nous promîmes d'y revenir tous les jours jusqu'au dégel. Le lendemain, à cent pas de la flaque, Médor tomba en arrêt, fit quelques pas, nous indiqua par son langage le plus expressif qu'il était sur la trace d'une belle proie, et s'avançant petit à petit, par une marche savante, nous entraîna à sa suite, le doigt sur la détente, le fusil à la hauteur de la poitrine, à près d'une demi-lieue de la source. Rien ne partit. Nous attribuâmes innocemment ce que nous regardions comme la méprise de notre chien à ce qu'une bande d'oies sauvages avait passé la nuit en cet endroit.

Le lendemain nous nous mettons en campagne, bien décidés à ne pas oublier notre flaque, que nous n'avions pu battre la veille.

Médor recommence avec quelques variantes son manége de la veille; il nous emmène d'un autre côté, et ne nous fait rien tirer.

Bref, pendant trois jours de suite,

Médor a l'adresse de nous empêcher d'approcher de la source, en faisant semblant de rencontrer du gibier, en jouant la comédie, en un mot ; et pendant trois jours nous fûmes ses dupes. Ce qui éclaira son maître, c'est que jamais Médor ne commettait de méprises aussi grossières que celles dans lesquelles il venait de tomber coup sur coup.

Le quatrième jour il voulut recommencer ses artifices ; mais au lieu de le suivre, mon ami lui montra son fouet. A cette vue Médor comprend que la mèche est éventée (non pas celle du fouet), et sans attendre aucun commandement, il laisse là sa fausse quête, prend le chemin de la source et y entre en rechignant, mais sans se faire prier.

Ainsi voilà un chien qui, pour éviter une corvée peu de son goût et ménager ses oreilles, cherche, trouve et combine un stratagème assez compliqué, et l'exécute si bien qu'il nous fait donner dedans pendant trois jours

de suite. Pour peu que le temps fût
venu à changer, la ruse de Médor
réussissait parfaitement. Je serais curieux de savoir comment Descartes eût
expliqué ce singulier jeu d'une ma-
chine organisée.

IV

CHASSE AU GIBIER D'EAU.

La chasse au gibier d'eau se fait
surtout en hiver, quand le froid et la
faim forcent les oiseaux aquatiques à
quitter la retraite hyperboréenne où ils
vivent et se multiplient à l'abri des at-
taques de l'homme, pour venir chercher
un climat moins rigoureux. Dès les premiers jours de novembre, ils commencent
à se montrer sur les côtes de France, le
long des fleuves et des rivières, sur les

étangs et les plaines marécageuses : dans le seul département de la Somme on en compte plus de cent espèces qui s'abattent par milliers dans les environs de Saint-Valery et de Cayeux, pays aussi célèbres pour cette chasse que les vastes étangs situés le long de la Méditerranée, depuis Perpignan jusqu'aux bouches du Rhône.

Ce qui donne un attrait tout particulier à la chasse au gibier d'eau, c'est que l'occasion de brûler sa poudre y manque rarement : il s'ensuit que, même lorsqu'on a le désagrément de rapporter son carnier plus ou moins plat, ce n'est pas faute d'avoir tiré. Ce qui vous tient encore en haleine pendant cette chasse, c'est qu'il ne faut jamais désespérer, parce que deux coups de fusil peuvent en mainte circonstance vous dédommager amplement d'une journée de guignon, et vous procurer une entrée triomphale au logis.

Ceci me rappelle une anecdote.

Un grand amateur de Dieppe ayant un jour invité un chasseur parisien à venir passer une semaine avec lui, pour s'initier à la chasse au marais, le Parisien accepta, et un matin nos deux amis se mirent en campagne. Le temps était magnifique; cinq degrés au-dessous de zéro, une atmosphère brumeuse, un vent du nord qui pénétrait jusqu'à la moelle, un pied de neige sur le sol : impossible d'être servi plus à souhait.

L'indigène, qui tenait à sa réputation personnelle et à celle de son pays, manœuvra pour approcher et surprendre les bandes de canards qu'il apercevait de loin avec toute l'habileté dont il était capable, mais si malheureusement, qu'il ne put en approcher aucune. Il n'eut pas plus de succès avec deux cormorans, quelques courlis, et une volée de foulques, quoiqu'il fît avec son compagnon de longues promenades en se traînant sur les mains et les genoux. Bref, après trois heures de chasse, le professeur avait dû se contenter de l'envoi de quelques balles perdues vers des triangles d'oies sauvages voyageant entre ciel et terre. Le plus vexé était à coup sûr l'indigène, quoique ce fût l'ami qui se plaignît le plus haut. Il commença par exhaler sa mauvaise humeur en quolibets à l'adresse de son hôte, puis rompit tout à fait la glace en s'écriant : « Mon cher, avec tes marches et tes contre-marches, avec tes savantes manœuvres, nous ne tirons ni ne tuons. Continue ta stratégie; moi, je suis décidé à suivre mes inspirations : séparons-nous, et dans une heure nous nous retrouverons près de ce bouquet de peupliers que je vois là-bas à perte de vue.

— Mais ils sont à plus de trois kilomètres d'ici !

— Eh bien! alors dans deux heures.»

A peine les deux chasseurs étaient-ils à trois cents pas l'un de l'autre, que l'indigène entendit un double coup de feu. Il tourna la tête, et vit le chien du Parisien rapporter un oiseau à son maître, qui ne manqua pas de montrer son trophée au professeur.

Quand celui-ci arriva le premier au lieu du rendez-vous, il n'avait tué qu'une bécassine. Il était d'autant plus humilié, qu'il avait presque continuellement, depuis la séparation, entendu tirailler le Parisien.

En attendant le susdit, qu'il apercevait à peine dans le lointain, il eut l'heureuse idée d'aller visiter près de là une grande boire, qui, communiquant avec la rivière d'Arques, ne gelait jamais à cause du mouvement de la marée. Il s'en approche doucement en suivant le fond d'un fossé, et quand il n'a plus à franchir que l'espèce de talus qui règne autour de la boire, il s'arrange de façon à ce que son fusil et le sommet de sa tête jusqu'à son œil dépassent seuls la crête du talus. Son chien, parfaitement dressé, marche sur ses talons.

Jugez de la délicieuse émotion que le professeur éprouva en trouvant au bout de ses canons, à vingt pas à peine, une bande de palmipèdes qui barbotaient sans défiance. Il lâche son premier coup à travers le buisson de têtes, et son second coup au moment où les ailes se déploient : six canards, dont un magnifique tadorne au plumage éclatant, restent sur la place ; deux tués roides, et les quatre autres démontés ou trop blessés pour suivre la bande.

Le Parisien arriva au moment où l'indigène, qui avait rechargé son arme, venait d'achever le dernier canard que son chien n'avait pas encore pu saisir et rapporter.

« Eh bien ! qu'avons-nous fait ? demanda-t-il à l'autre ; ta fusillade ne cessait pas.

— Tous ces diables d'oiseaux, répondit celui-ci, partent à des distances énormes ! Je n'ai tué que ces deux pièces, ajouta-t-il en montrant un courlis et un pluvier. Et toi ?

— Voilà mon sixième canard que mon chien rapporte. Si tu ne t'étais pas insurgé, et si tu étais resté avec moi, nous aurions peut-être dépassé la douzaine ; car parmi les canards envolés plusieurs sans doute ont emporté quelques grains de mon plomb, qui, joints à quelques-uns des tiens, auraient suffi pour les arrêter... » En parlant ainsi, l'indigène tirait magistralement de son carnier un long cordon de laine rouge, mettait ses canards en chapelet, et se passait en sautoir cette écharpe emplumée.

La plus meurtrière des chasses au marais, est la chasse à la hutte avec des appelants. Les appelants sont des canes domestiques, dont on se sert pour attirer les canards sauvages.

Voici comment on procède. Au bord d'un étang, d'une crique, d'une flaque d'eau provenant du débordement d'une rivière, on construit une hutte avec des roseaux, des branchages, des joncs, en ayant grand soin de disposer les matériaux qu'on emploie de manière à ce que la hutte n'ait aucune apparence d'habitation humaine, et se confonde avec les buissons ou les touffes de roseaux situés dans les environs. Il arrive très-souvent que des chasseurs inexpérimentés et trop amis de leurs aises, font de tristes affaires, uniquement à cause de la forme de leur hutte, qui ressemble trop à une maisonnette, et éveillent par ce motif la défiance des canards et consorts.

Le choix du lieu est aussi très-important. Avant de choisir une place, il faut s'assurer si les canards s'y abattent, non pas pour reprendre haleine, se reposer quelques minutes et repartir, mais pour y barboter et y manger. J'ai toujours remarqué que les meilleurs endroits étaient ceux où il n'y a qu'un pied d'eau, et où la nature du terrain permet aux canards de voir autour d'eux à une grande distance. Dans les eaux profondément encaissées, ils semblent toujours inquiets et sur le qui-vive : on dirait qu'ils connaissent le danger de ces endroits, où le chasseur peut s'approcher d'eux sans être vu et les surprendre.

Une fois la hutte construite, le chasseur, par une nuit froide et brumeuse, va s'y installer avec ses appelants et son chien. Il attache les premiers par la patte, à deux cordes fixées elles-mêmes à des piquets. Ces cordes doivent être suffisamment tendues, afin de maintenir les canes sur deux lignes qui, partant des deux côtés de la hutte, aillent toujours s'écartant l'une de l'autre. Par cette disposition en éventail, on risque moins de tuer ses appelants en tirant droit devant soi *à la reposée,* c'est-à-dire horizontalement.

Chose singulière ! une nuit passée ainsi dans une méchante hutte mal close, par un froid intense que l'on combat à grand'peine en se bourrant des vêtements les plus chauds qu'on puisse imaginer, et en glissant ses pieds sous le ventre de son chien, s'écoule avec une rapidité incroyable. Les cris des canes captives qui s'ennuient et appellent leurs maris, le sifflement des bandes d'oiseaux qui voguent dans les airs ne vous laissent pas un moment pour songer à votre isolement et à la bise. Chaque fois qu'un de ces murmures étouffés, entrecoupé de légers pipements, commence à poindre des profondeurs de l'horizon, votre cœur bat et vos doigts se crispent sur votre fusil : le cou tendu, l'oreille dressée, vous suivez avec une émotion saisissante, avec une anxiété fébrile, le renflement et la décroissance du bruit qui trahit les évolutions aériennes de la phalange aux ailes sifflantes. Comme elle décrit de grands cercles avant de s'abattre, vingt fois vous passez de la crainte à l'espérance, jusqu'à ce que la bande tombe bruyamment dans l'eau à vingt-cinq pas de vous. Vos yeux, accoutumés à l'obscurité, distinguent sur la surface de l'eau une masse confuse d'ombres indécises. C'est l'instant du massacre. Vous lâchez

votre premier coup horizontalement,
car vous êtes presque couché sur le
dos, et dix secondes plus tard, votre
second coup un peu au-dessus de la
place où l'éclat de lumière produit par
votre premier coup vous a montré le
gros du bataillon.

Vous n'avez pas cessé d'épauler que
votre chien est à la nage. Si c'est un
vieux routier intelligent et expérimenté,
il commence par s'occuper des canards
blessés ou démontés, et il va les chercher autour des canes, car il sait que
c'est auprès de ces perfides sirènes
qu'ils se réfugient.

Ici, autre sujet d'émotion. A chaque
canard que votre chien vous rapporte,
vous en espérez un autre. Tant que votre
chien repart, c'est bon signe ; mais
quand en sortant de l'eau il se couche
à se met à lécher ses pattes, c'est qu'il
estime sa tâche finie pour le moment. Alors, si vous êtes bon maître,
vous prenez votre gourde à eau-de-vie
et vous en imbibez généreusement un

morceau de laine avec lequel vous fric-
tionnez à tour de bras votre Médor. Ça
le sèche, ça le réchauffe, et comme une
bonne action amène toujours sa récompense, ce petit exercice rétablit la cir-
culation de votre sang. On se sert
habituellement à la hutte de fusils d'un
si fort calibre, on y met tant de poudre
et de chevrotines coupées en quatre,
qu'il n'est pas impossible que deux
coups de fusil rapportent jusqu'à huit
et dix pièces de gibier.

Quelquefois deux amateurs se réunissent pour une partie de hutte. Alors,
au lieu de ne se servir que des canes,
on prend aussi les mâles ; mais il faut
dans ce cas que ceux-ci aient été bien
dressés. Après avoir attaché les canes
comme je l'ai indiqué plus haut, un des
chasseurs s'installe dans la hutte, et
l'autre va se blottir à une centaine de
pas dans un batelet qu'il cache au milieu
des roseaux.

L'homme au batelet, qui a gardé auprès de lui les mâles, dès qu'il entend

une troupe de canards sauvages, lâche un des siens. Celui-ci part à tire d'aile et se rend auprès des femelles privées, qui, charmées de son retour, lui souhaitent la bienvenue dans une langue que les canards sauvages comprennent parfaitement. Presque toujours les voyageurs cèdent à la tentation de venir se mêler à la conversation. S'ils hésitent, l'homme au batelet lance un second émissaire, qui, sauf des cas exceptionnels, décide les sauvages à s'abattre auprès des canes.

Cette chasse, qui réussit deux fois sur trois, constitue un de ces raffinements de perfidie que l'homme emploie sans honte ni scrupule envers les animaux, pour garnir plus sûrement sa broche ou son escarcelle.

Dans les environs de Nantes, les chasseurs à la hutte excellent dans l'art de dresser les appelants. Il y a des mâles assez bien instruits pour piquer droit vers une bande de canards sauvages, et, par leurs suggestions fallacieuses,

amener ceux-ci sous le plomb meurtrier. Il y a dans ce pays des paires de
canards qui se vendent le prix ordinaire
d'un bon chien d'arrêt.

A propos de chien, ceux qui chassent
au gibier d'eau reçoivent une éducation
très-différente de celle des chiens de
plaine. La première condition qu'ils
doivent remplir, c'est d'aller résolû-
ment à l'eau, quelle que soit sa tempé-
rature.

La chasse aux foulques qui peu-
plent les étangs situés le long de la
Méditerranée est célèbre dans tout le
midi de la France. On y fait chaque
hiver une destruction fabuleuse de ces
oiseaux. Tantôt des centaines de chasseurs se réunissent, et, montés sur des
batelets, s'avancent en bon ordre vers
les foulques. Celles-ci fuient devant la
flottille déployée en demi-cercle ; mais
bientôt, acculées au fond de l'étang,
elles sont obligées de passer par-dessus
la tête des chasseurs, qui alors les mi-
traillent. Tantôt un seul chasseur dans

une frêle nacelle essaie pendant la nuit de surprendre des bandes de foulques endormies et y réussit très-souvent. Cette chasse prend le nom de *rébalade*. Elle n'a lieu que pendant la nuit ; ce qui la rend assez dangereuse, parce que si deux chasseurs s'y livrent à la fois, ils peuvent, sans s'en douter, manœuvrer vers la même bande de foulques et se fusiller mutuellement. Cela ne s'est vu que trop souvent.

La chasse au *badinage*, qui n'est connue et pratiquée que dans le Jura et la Côte-d'Or, est basée sur la profonde antipathie qui existe entre les canards et les renards. Les chasseurs s'embusquent sur les bords d'un étang de manière à ne pouvoir être aperçus des canards, et lâchent un chien qui, par la couleur de son poil, par sa taille, par toute son apparence enfin, ressemble le plus possible à un renard. Les canards ne l'ont pas plutôt vu rôder sur le rivage, qu'ils accourent pour insulter leur ennemi par des cris assourdissants. Leur fureur est telle qu'ils perdent peu à peu leur défiance naturelle, et viennent s'offrir aux coups des chasseurs à l'affût.

Pour faire rôder le chien à la place qu'on a choisie, on le laisse, la veille de la chasse, un jour entier sans manger, et l'on éparpille de petits morceaux de pain et de viande dans le rayon où il doit opérer. Le mouvement perpétuel qu'il se donne et l'ardeur qu'il met à ses recherches, ne manquent pas d'attirer l'attention des canards et de les agacer singulièrement. Il paraît que ce n'est que le matin et le soir que le badinage est possible, et encore ne réussit-il pas toujours.

V

CHASSE A L'OURS.

L'ours, qui n'a rien à gagner au voisinage de l'homme, s'en éloigne le plus possible. Aussi ne le rencontre-t-on en France que dans les profondes forêts qui ombragent notre versant des Pyrénées; car il a presque complétement disparu des montagnes du Jura. Les jeunes adultes passent quelquefois une partie de l'été ensemble. Pour les vieux, ils vivent toujours seuls et isolés.

En tout temps les femelles sont plus irascibles et plus féroces que les mâles; elles attaquent presque toujours l'homme qu'elles rencontrent, tandis que les mâles le fuient, même lorsqu'ils sont blessés. Mais une fois que, trop vivement pressés, ils se sont décidés à accepter le combat, ils ne reculent plus et se défendent avec acharnement jusqu'à la mort.

L'ours, malgré sa lourde et grotesque apparence, est intelligent et rusé : aucun animal n'est plus sournois, et c'est peut-être là le trait saillant de son caractère.

Poursuivi par les chasseurs et leurs chiens, il fuit ; mais tout en fuyant il ramasse des pierres et les lance avec beaucoup de force et d'adresse, et s'il rencontre des munitions en abondance il peut se débarrasser ainsi de ses assaillants, ou du moins les tenir à distance. Quand il s'aperçoit que les bergers dont il emporte un mouton n'ont point d'armes à feu, et cherchent à l'effrayer par leurs cris afin de lui faire abandonner sa proie, il gagne une *araillère* (1), et là comme d'une citadelle il ouvre un feu roulant de

(1) On appelle ainsi, dans les Pyrénées, un endroit couvert de pierres.

gros projectiles, dont l'atteinte est trop meurtrière pour que les bergers osent s'y exposer.

Malgré sa force prodigieuse, on a vu des chasseurs basques et catalans aller seuls offrir à un ours une espèce de combat singulier. Le bras gauche protégé par une corde qui l'enroule et le couvre depuis le poignet jusqu'à l'épaule, et sans autre arme que son long couteau, le chasseur excite, provoque son ennemi, et attend de pied ferme qu'il se dresse pour l'embrasser et l'étouffer entre ses pattes de devant ; alors, saisissant de la main gauche l'ours à la gorge, il le jette par terre d'un seul coup donné en plongeant le couteau dans le ventre de l'animal et en traînant la lame acérée de bas en haut.

Quoique l'ours devienne de plus en plus rare sur le revers français des Pyrénées, il ne se passe pas d'années sans qu'on en tue quelques-uns. Dès qu'un de ces animaux a été aperçu, les amateurs du canton où il a signalé sa présence par plusieurs méfaits, se hâtent d'organiser une chasse. Pendant que les tireurs restent postés aux passages par lesquels ils espèrent que débûchera l'ours, une bande de traqueurs, accompagnés de quelques chiens, se répandent dans l'enceinte dont toutes les issues sont gardées, et à grand renfort de cris et de coups de fusil à poudre, essaient de mettre l'ours sur pied; il est rare que dans sa fuite il ne suive pas un des sentiers ou des défilés choisis par les chasseurs. Malheur à celui d'entre eux qui entreprendrait de disputer le passage à l'animal irrité sans être sûr de lui-même et de ses coups; car il n'a que deux manières d'éviter une mort à peu près certaine. La première, c'est de se jeter prudemment de côté dès qu'il entend l'ours, et de se tenir coi. Beaucoup de personnes bien décidées et d'une humeur très-belliqueuse, dix minutes avant le moment critique prennent ce parti : si brave qu'on soit naturellement, la première fois qu'on se trouve face à face avec un brutal de cette espèce, on est en mauvaise disposition pour viser juste ; et comme on vous a vivement recommandé de ne pas tirer la bête à moins d'être sûr de lui loger deux lingots dans la poitrine, on se cache, sauf à trouver une raison quelconque pour expliquer le silence de son fusil. Quelquefois un malin lâche ses deux coups quand l'ours est déjà loin.

La seconde manière de protéger son individu quand l'ours vient à vous, c'est de l'attendre de pied ferme, de l'arrêter à quatre pas de son premier coup, et de l'abattre de son second. L'ours n'est pas mort ; mais vous l'avez arrangé de façon à pouvoir, avec l'aide de votre baïonnette ou de votre couteau de chasse, attendre l'arrivée de vos compagnons, qui sont rarement de trop pour achever votre victoire.

En Lithuanie, la chasse à l'ours est

encore aujourd'hui ce qu'elle était autrefois en Espagne, une chasse princière. On n'y force plus, il est vrai, la
bête comme un simple cerf, ainsi que
le faisait le roi Alphonse XI, qui a
laissé un traité de vénerie dans lequel
il pose les règles de la chasse à l'ours;
mais cette chasse devient en Lithuanie
le prétexte de fêtes splendides et tumul-
tueuses, qui réunissent l'élite de la
belle société de la province.

On se sert dans ces brillantes expéditions de deux espèces de chiens
qui donnent successivement : les premiers pour découvrir et lancer l'a-
nimal, les seconds pour l'attaquer;
ceux-ci sont des dogues de forte race.
Ces dogues, dit un témoin oculaire,
« attaquent l'ours avec un courage
indomptable, qu'excitent, au lieu de le
refroidir, les ravages que l'ours fait
dans leurs rangs. Acculé contre un
tronc d'arbre, tantôt l'animal déchire
en deux un chien qu'il a saisi par les
pattes de devant, tantôt il en étouffe un

autre entre ses bras, tantôt d'un coup de poing il en enlève un troisième et le lance à la hauteur de quelques toises. » L'ours, accablé par le nombre de ses assaillants, est quelquefois abattu sans l'intervention des chasseurs, qui, pendant la lutte, restent souvent longtemps sans pouvoir tirer, par suite de l'acharnement des chiens.

CHASSE AU CHAMOIS.

Le doux et gracieux animal qui, seul en Europe, représente la famille des antilopes, s'appelle chamois dans les Alpes et isard dans les Pyrénées. L'unique différence qu'on remarque entre le chamois et l'isard, c'est que les proportions du premier sont un peu plus fortes. Mais comme la conformation, les habitudes, la nourriture de la race alpestre et pyrénéenne sont exactement pareilles, on doit attribuer cette variation de taille à l'influence du climat, et surtout à la nature et à l'abondance des pâturages.

Dans les Pyrénées comme dans les Alpes, la chasse au chamois ou à l'isard passionne au plus haut point tous ceux qui s'y livrent : dois-je dire que c'est malgré, ou à cause des dangers, des privations, des fatigues qui l'accompagnent? Pour ne pas entamer une discussion philosophique qui pourrait me mener trop loin, je me contenterai d'avoir posé la question.

Ce qu'il y a de certain, c'est qu'une fois qu'un jeune homme a pris goût à la chasse au chamois, rien ne saurait plus l'y faire renoncer. On a vu des chasseurs, après avoir roulé au fond d'un précipice, après y être restés plusieurs jours avec l'horrible perspective d'y mourir de faim, et après une délivrance qui tenait du miracle, retourner à la montagne avant d'être complétement guéris de leurs blessures. Il existe en ce moment, dans les Pyrénées, un chasseur à l'isard dont le grand-père, le père ainsi que le frère se sont tués à la chasse; eh bien! cet homme, qui prévoit le sort qui l'attend, et qui pourrait vivre tranquillement sur son bien, ne renoncerait pas pour tout l'or du monde aux périlleuses excursions qui font toute son existence.

Le chamois, qui s'est retiré aujourd'hui sur les crêtes les plus inaccessibles des montagnes, et ne s'écarte que pendant la nuit de la région des neiges éternelles, n'a pas toujours été confiné à de pareilles hauteurs. Ce sont les bergers qui, en menant paître leurs troupeaux dans les prairies qui s'étendent au-dessus de la région des forêts, ont forcé les chamois à quitter leur véritable patrie et à émigrer plus loin. Sans l'excessive méfiance qui constitue le caractère distinctif du chamois, sans la finesse de son ouïe et de son odorat, sans son agilité prodigieuse, il y a longtemps que l'espèce aurait disparu de la chaîne des Alpes et de celle des

Pyrénées. Ceux qui les poursuivent savent seuls ce qu'il en coûte pour les atteindre et trouver l'occasion de les tirer.

Les chamois vivent ordinairement par couple ou réunis en petits troupeaux de six à douze individus. Chaque fois qu'une de ces bandes s'arrête pour brouter, il y a toujours un chamois qui, posté sur un roc, veille à la sûreté commune. Comme il interroge sans cesse les environs avec l'œil, l'oreille et le nez, et qu'il est admirablement servi par ces trois organes, il est très-difficile de le surprendre ; à la moindre apparence de danger il pousse un cri aigu, et aussitôt la bande disparaît en faisant des bonds de cinq à six mètres de longueur.

Mais ce n'est pas seulement la rapidité de sa fuite qui désespère le chasseur, c'est la direction qu'elle suit presque toujours. Tantôt elle franchit de larges crevasses, tantôt elle escalade deux rochers perpendiculaires et juxtaposés en s'élançant de l'un à l'autre dans une suite de lacets ou de zigzags, tantôt elle glisse le long d'une étroite corniche à peine assez saillante pour poser un pied du chamois. Comment s'attacher aux pas d'un troupeau qu'aucun obstacle n'arrête, et qui plonge aussi facilement dans les précipices qu'il gravit les pentes les plus abruptes !

Muni de provisions pour deux jours au moins, d'un lourd fusil, d'une hache, de souliers à crampons, d'un bâton ferré et d'un rouleau de corde, le chasseur au chamois part souvent seul. Le premier jour il couche dans un chalet situé à la limite des neiges, demeure temporaire d'un berger ; le lendemain matin, longtemps avant le lever du soleil, il est à l'affût, et reste souvent des heures entières tapi derrière un rocher, attendant qu'un troupeau de chamois, qu'il aperçoit à perte de vue, vienne passer à portée de sa balle en suivant son sentier accoutumé. Quelquefois le troupeau, au lieu de se rapprocher du chasseur, s'en éloigne. Alors celui-ci sort sans bruit de sa cachette et suit les chamois dans leur course vagabonde, en ayant grand soin de ne pas se montrer et de se tenir toujours sous le vent du troupeau. Ce n'est guère qu'après s'être pendant une demi-journée traîné de pic en pic et de ravin en ravin qu'il trouve enfin l'occasion de lâcher son coup de carabine. Supposons que la balle ait frappé juste : si l'animal touché tombe après avoir fait deux ou trois bonds, rien de mieux ; mais dans la plupart des cas, il lui reste assez de vigueur pour fournir une traite d'une dizaine de minutes. Alors l'heureux tireur, guidé par les gouttelettes de sang qui tachent la neige, se précipite sur les traces de sa victime. Le chamois qui se sent mourir se lance ordinairement sur quelque pente presque perpendiculaire, s'y maintient en la coupant en biais, et va se blottir dans la crevasse d'un rocher suspendu sur les flancs de l'abîme.

Arrivé sur le bord du précipice, le chasseur, s'aidant tour à tour de son bâton pour s'arc-bouter, de sa hache pour tailler des degrés, de sa corde pour se suspendre, finit par se glisser jusqu'à son chamois : il l'éventre, le vide, l'attache sur ses épaules, et, malgré cette nouvelle charge, commence une ascension pendant laquelle le moindre faux pas l'enverrait rouler dans le torrent qui bouillonne à plus de cent mètres au-dessous de ses pieds.

Quand deux chasseurs font une expédition de concert, le danger, sans cesser d'être toujours présent, ne s'offre plus sous de si lugubres couleurs : en effet, pour l'homme seul, le moindre accident peut avoir les plus épouvantables conséquences, parce qu'au milieu des solitudes où il erre, il est réduit à ses seules forces et peut périr faute d'un enfant pour lui tendre un bâton ou un bout de corde. Quand, au contraire, deux hommes chassent ensemble, quelle que soit la nature du malheur qui arrive à l'un d'eux, il est certain d'être secouru. S'il meurt, c'est du moins de ses blessures, et non pas de froid et de faim, après les plus horribles souffrances.

Eh bien ! telle est l'ardeur jalouse avec laquelle les chasseurs de chamois se livrent à leur passion, qu'ils préfèrent partir seuls, de peur d'être obligés, en se choisissant un compagnon, de lui faire connaître les passages qu'ils ont découverts, les places où ils se mettent à l'affût, ce qu'ils savent des allures des différents troupeaux de chamois qui habitent la montagne.

Et non-seulement ils partent seuls, sans prévenir leurs voisins ; mais s'ils rencontrent un berger, ils s'efforcent de lui donner le change sur la route qu'ils se proposent de tenir.

Il en résulte que leurs amis, leurs parents, habitués à les voir absents pendant plusieurs jours, ne commencent à s'inquiéter réellement que lorsque cette absence se prolonge ; alors on va aux informations, et bientôt tout un village se met en campagne. Quelquefois, après plusieurs jours de recherches, on trouve dans une crevasse, au pied d'un rocher, un cadavre horriblement mutilé. D'autres fois on explore inutilement la montagne : on ne découvre aucune trace de l'infortuné ; cela arrive surtout quand il a péri dans une de ces tourmentes si admirablement décrites par Topffer.

« C'est un vent, dit-il, qui, s'engouffrant dans les anfractuosités d'une gorge étroite, y tourbillonne avec violence et déplace d'énormes masses de neige… Alors d'immenses traînées de neige, frappant sur les rocs, rejaillissent par les airs ; et le vent, ressaisissant ces gerbes égarées, les heurte les unes contre les autres, et recouvre comme d'un linceul tous les objets sur lesquels il promène ses fureurs. »

L'infortuné chasseur, s'il ne trouve un abri contre la tempête, est bientôt renversé malgré ses efforts ; une épaisse couche de neige s'amoncelle sur lui, et ce n'est qu'après leur fonte, souvent plusieurs mois plus tard, quelquefois l'année suivante, qu'un berger, qu'un chasseur comme lui, retrouve son cadavre. Il arrive assez fréquemment que les corps ainsi retrouvés ne présentent aucune trace d'altération : on dirait que la mort, déjà très-ancienne, ne remonte qu'à quelques heures.

VI

CHASSE A LA PIPÉE.

On donne assez improprement, je dois le dire, le nom de pipée à toutes les chasses aux petits oiseaux : c'est un tort. La chasse à la tendue et celle aux filets n'ont de commun avec la pipée proprement dite que l'espèce de gibier contre laquelle elles sont dirigées toutes les trois.

Je ne décrirai ni la chasse aux filets, ce qui me mènerait trop loin, ni la tendue, qui consiste à disposer dans un endroit convenable plusieurs centaines de piéges qu'on nomme, suivant les localités, *raquettes*, *rejets*, *sauterelles*, *regibauds*, etc. Ces piéges, dont une baguette flexible et un bout de ficelle font tous les frais, sont d'une excessive simplicité ; mais c'est justement à cause de cela qu'il me semble impossible d'en donner une description satisfaisante et intelligible.

Quant à la pipée, « c'est une chasse à l'appeau et à la glu, qui commence au 15 septembre et finit au 15 octobre, et qui exige du tendeur une somme prodigieuse d'expérience et de talent. » Ainsi s'exprime un spirituel écrivain qui, longtemps avant de s'être fait un nom dans les lettres (1), avait été pro—

____

(1) A. Toussenel.

clamé le premier pipeur de la Lorraine.
« Il y a pour la pipée, continue cet
illustre professeur, deux appeaux,
l'appeau du crépuscule et l'appeau du
jour. L'appeau du crépuscule, avec
lequel on imite le cri du chat-huant,
est tout simplement une feuille du
chiendent velu des bois humides qu'on
place entre les lèvres, en la tendant
fortement entre les doigts. Cet appeau
formidable a reçu le doux nom de
touite, du cri sinistre qu'il est chargé
de reproduire : Tou-hi, tou-hou-hou-ï.

« L'appeau du jour est fait d'une
feuille du lierre rampant, percée d'une
ouverture carrée à son centre et roulée
en forme de cornet au bout de l'index.
Cet appeau sert à *frouer*, c'est-à-dire
à exécuter des airs qui ont le privilége
d'exciter au plus haut degré la curio-
sité de l'oiseau. »

Après avoir indiqué quels sont les
lieux les plus favorables pour établir
une pipée, et comment le pipeur doit
disposer, autour de la logette dans la-

quelle il se cache, trois à quatre cents
gluaux, le professeur ajoute :

« Écoutez bien ! le merle a sonné la
diane et le rouge-gorge pétille ; le hibou hue encore, et Jupiter seul brille
au ciel, où toutes les étoiles ont pâli.
Voici l'heure de déployer votre talent ;
ferme ! le cri du hibou, et appuyez vivement sur la note lugubre. Le rouge-
gorge a répondu le premier au cri de
guerre de l'ennemi commun, l'oiseau
de mort aux ailes silencieuses, l'em-
blème du voleur et de l'assassin de
nuit qui se glisse dans l'ombre à pas
muets. Le rouge-gorge s'est précipité
avec rage sur la loge, pour attaquer le
déprédateur nocturne. Il est pris dans
les gluaux que les autres oiseaux ne
sont pas encore éveillés. Nous allons lui
pincer les ailes pour lui arracher des
cris, et ses cris de détresse vont attirer
tous les oiseaux des environs qui, le
croyant aux prises avec le hibou, accourent pour lui prêter secours. »

C'est une chose digne de remarque

que la fureur avec laquelle presque
tous les oiseaux des bois, depuis le
ramier jusqu'au chétif roitelet, attaquent le hibou; mais aucun n'est aussi
intrépide et aussi acharné que le rouge-
gorge. C'est lui qui le premier sonne
la charge, combat au premier rang,
excite les autres par ses cris, et ne cesse
de harceler le hibou que quand il est
rentré dans son repaire.

C'est cette antipathie profonde et
générale que le chasseur à la pipée
met à profit, comme on le voit, pour
attirer dans ses gluaux une quantité de
pauvres volatiles, victimes de leur
ardeur à se lever en masse contre l'ennemi commun, qui vient les surprendre
et les assassiner pendant leur sommeil.

CHAPITRE II

CHASSES EXTRA-EUROPÉENNES.

—◦◦◦—

I

CHASSE AUX GAZELLES

EN ÉGYPTE.

L'Égypte est peut-être le pays le plus
giboyeux du globe : les étangs et les
cours d'eau y sont couverts de canards
et de sarcelles, les marécages four-
millent de bécassines, des bandes de

vanneaux, de pluviers et d'oies sauvages passent à chaque instant au-dessus de vos têtes et s'abattent devant vous, des douzaines de lièvres vous partent dans les jambes, et des troupeaux de gazelles paissent sur la lisière du désert.

D'où vient cette abondance extraordinaire de gibier de toute espèce? Chaque voyageur l'attribue à une cause particulière; il serait plus sage, à mon avis, de considérer cette étonnante multiplication comme la conséquence de la réunion de toutes les causes indiquées séparément, à moins de se contenter de cette raison banale qui n'explique rien : parce que l'Égyptien ne chasse presque pas. Mais pourquoi l'Égyptien ne chasse-t-il presque pas? voilà où est la véritable question. Il ne chasse pas, parce qu'il fait peu de cas du gibier comme nourriture; parce que sa nature apathique et indolente répugne à tout exercice violent; parce qu'il est généralement trop misérable

pour se procurer un fusil et des munitions ; enfin, parce que ses habitudes
pacifiques et ses croyances religieuses
le portent à respecter la vie des animaux. Réunissez toutes ces causes
diverses qui concourent chacune pour
une part plus ou moins grande au résultat définitif, et la profusion du gibier
qui pullule en Égypte s'expliquera tout
naturellement.

L'animal qu'on chasse le plus en
Égypte, où l'on chasse peu, c'est la gazelle ; et cela se comprend, car, pour me
servir de l'expression consacrée, elle
vaut son coup de fusil, même dans les
pays où la vie est au meilleur marché.

A l'exception des grands seigneurs,
qui chassent la gazelle par ton et pour
leur plaisir, à grand renfort de chiens
et de traqueurs, et en font de temps en
temps une véritable boucherie, la
méthode vulgaire consiste à se rendre,
avant le lever du soleil, sur un point
du désert où les gazelles se montrent
depuis quelques jours, à faire un trou

dans le sable et à s'y cacher le mieux possible. Aux premières lueurs de l'aube, les gazelles, ne voyant personne dans les environs, se mettent tranquillement à paître, et, en allant d'une touffe d'herbe à l'autre, finissent par approcher assez près du chasseur pour qu'il puisse en tirer une à bonne portée. Une fois son fusil déchargé, le chasseur n'a plus aucune précaution à prendre, car les gazelles détalent au galop, et il ne peut songer ni à les poursuivre, ni à attendre l'occasion de tirer une seconde fois. Si ses balles ont porté et si la gazelle a été tuée roide, ou trop grièvement blessée pour pouvoir aller loin, il ramasse sa proie et s'en retourne chez lui ; s'il a été maladroit, il doit faire la même chose, car sa journée est finie; de plus, s'il veut recommencer le lendemain, il sera obligé de se mettre à l'affût ailleurs, car la place est gâtée, les gazelles évitant pendant plusieurs jours les endroits où elles ont été victimes d'un guet-apens.

Les Arabes du désert, d'une nature bien autrement remuante et énergique, chassent les gazelles d'une manière plus fatigante, il est vrai, mais beaucoup plus sûre et plus expéditive. Les gazelles, qui pendant le jour se dispersent par petites bandes de six à huit individus, se réunissent pour passer la nuit en un grand troupeau qui dépasse souvent cent têtes. Quand les Arabes ont découvert la place où se tient un de ces troupeaux, ils partent une vingtaine montés sur des dromadaires. Chaque cavalier porte devant lui, en travers sur sa monture, un guépard parfaitement dressé, et tous manœuvrent en observant le plus profond silence, de façon à entourer le troupeau, sans cependant l'approcher de trop près pour le mettre en fuite. Immobiles et postés à une égale distance les uns des autres, ils attendent ainsi le point du jour. A cet instant, lorsque les gazelles les aperçoivent, et, ne sachant de quel côté détaler, courent pêle-mêle en tourbillonnant, chaque chasseur lance son guépard, qui, favorisé par la confusion, manque rarement de saisir une gazelle à la gorge et de la tenir jusqu'à l'arrivée de son maître. Il arrive quelquefois que le guépard les saisit sans les blesser trop grièvement, et qu'on peut les conserver vivantes.

Le guépard dont il est ici question est un animal qui a beaucoup de points de ressemblance avec le léopard, mais qui en diffère cependant par la conformation de ses ongles, qui ne sont point rétractiles comme ceux de tous les autres carnassiers du genre chat. Le guépard, marchant sur ses ongles ainsi que le chien, il s'ensuit naturellement que ces ongles, que rien ne protége contre un frottement continuel sur le sol, sont émoussés et ne peuvent servir à déchirer une proie. Le guépard est donc l'animal le moins bien armé de tous ceux qui composent sa famille. Il s'apprivoise très – facilement, et si l'espèce n'est pas devenue domestique comme notre chat, c'est que l'homme ne s'est pas encore soucié d'avoir pour esclave un animal peu endurant, et dont les services ne vaudraient pas la nourriture.

Il résulte de documents très-positifs, quoique peu connus, que le roi François Ier se donnait quelquefois le plaisir de faire prendre des lièvres par deux guépards qui lui avaient été envoyés en présent de Constantinople.

En Asie, la chasse au guépard est encore aujourd'hui un des passe-temps favoris des princes et des rajahs. Le chevaleresque et infortuné Tippo-Sahib s'y adonnait avec passion ; et, après sa défaite et la prise de Seringapatnam, les Anglais trouvèrent dans son équipage de chasse seize guépards aussi dociles que des chiens courants.

II

CHASSE AUX RENNES

DANS LE NORD DE L'ASIE.

Un fait assez curieux à noter, c'est que les Lapons sont les seuls qui soient parvenus à domestiquer complétement le renne et à en tirer tout le parti possible. Il remplace pour eux le bœuf, le cheval et la brebis ; ils s'en servent en effet comme bête de somme et de trait, comme bête de boucherie ; ils boivent son lait et le convertissent en fromage ; enfin sa vessie leur fournit une bouteille, sa peau des souliers et des vêtements, ses nerfs du fil, ses os divers ustensiles ; et ses cornes, ou plutòt son bois, constituent l'offrande qu'ils consacrent à leurs divinités.

Les Finlandais, les Esquimaux, les

Samoïèdes et les peuplades du nord de l'Amérique se contentent de chasser le renne ; c'est exceptionnellement qu'on en rencontre chez eux d'apprivoisés. Un climat excessivement froid est le seul que puisse habiter le renne ; vainement on a essayé de le multiplier dans le nord de l'Écosse. Tous ceux qu'on y a transportés sont morts sans se reproduire, quoique les montagnes de ce pays leur offrissent en abondance leur nourriture de prédilection, une espèce de lichen qui croît dans la zône boréale, et qui y est le dernier représentant de la famille végétale.

Une pareille tentative, faite dans les environs de Saint-Pétersbourg, n'eut pas plus de succès. Dès qu'on abandonne les rennes à eux-mêmes dans un parc, ils dépérissent rapidement. Pour les conserver sous un climat autre que le leur, il faut de toute nécessité les entourer de soins constants : alors ils vivent, mais ne se reproduisent pas.

Dans les vastes provinces asiatiques soumises à la Russie, les migrations périodiques des rennes, qui, au commencement de l'été, quittent les forêts pour se rapprocher des bords de la mer Glaciale, sont attendues avec impatience par les misérables habitants de ces contrées. C'est en effet sur le passage des rennes qu'ils comptent pour faire leurs provisions d'hiver. Si, par suite d'une circonstance atmosphérique ou autre, les rennes se détournent d'un canton par un long circuit, il en résulte une famine affreuse ; car rien ne remplace sous ces hautes latitudes la nourriture que fournissent ces troupeaux voyageurs.

Quand des védettes, placées de distance en distance, annoncent l'approche des rennes qui s'avancent par bandes de deux à trois cents têtes, toute la population des villages qui ont envoyé ces éclaireurs est en quelques instants sur pied. Des cris d'allégresse éclatent de tous côtés ; hommes, femmes et enfants se livrent à des transports de joie qui se traduisent en danses et en contorsions : on dirait une troupe de gens condamnés à mort, auxquels on vient d'apporter leur grâce.

C'est toujours sur la rive d'un fleuve que les rennes doivent traverser pour continuer leur itinéraire, que les chasseurs du pays dressent leur embuscade. Ils se cachent dans les environs du fleuve quelque temps avant l'arrivée des rennes, et ne se montrent que lorsqu'une vingtaine de bandes réunies en un seul troupeau de plusieurs milliers de bêtes se sont engagées dans le fleuve, et que la tête de la colonne est sur le point d'atteindre la rive où se tiennent les chasseurs. Alors, pendant qu'une multitude d'hommes et de femmes, armés de bâtons, s'efforcent, en gesticulant et en poussant d'étourdissantes clameurs, d'empêcher les rennes d'aborder, quinze à dix-huit hommes déterminés s'embarquent dans de frêles nacelles, les poussent au milieu des rennes, et, à l'aide de coutelas fixés dans un manche long de près de deux mètres, en font un carnage effroyable. Leur habileté est telle, qu'un seul individu peut, en pareille circonstance, tuer plus de cent rennes dans le court espace de trente minutes. Cela est d'autant plus extraordinaire qu'ils ont continuellement à se défendre contre les rennes, qui cherchent à les frapper de leurs cornes et à faire chavirer le canot, en appuyant sur ses bords leurs pieds de devant. Lorsque ce malheur arrive, les deux hommes qui montent l'embarcation n'ont d'autre ressource que de saisir par les cornes un renne vigoureux, et de se laisser entraîner par lui jusqu'au rivage.

« L'aspect de cette chasse, dit un officier russe qui en a été témoin, a quelque chose de saisissant et d'étrange. Comment peindre les mouvements tumultueux et désordonnés d'un millier de rennes qui nagent en tous sens, se heurtent, se bousculent ; les râlements plaintifs des blessés, auxquels répondent les cris discordants de la foule qui borde la rive ; et, au milieu de ce vacarme, de ces eaux bouillonnantes et rouges de sang, des chasseurs qui portent avec une vitesse merveilleuse des coups presque toujours mortels ? »

Dès que les rennes sont parvenus à sortir du fleuve, la chasse est terminée, et personne ne songe à les poursuivre. On s'occupe alors aussitôt du partage du butin, qui en général se fait très-équitablement, selon les besoins de chaque famille.

Les chasseurs seuls, c'est-à-dire les *égorgeurs,* ont une part beaucoup plus forte à titre de salaire ; car pour eux la chasse aux rennes est un métier, et ils vont offrir leurs services de bourgade en bourgade à l'époque du passage.

Pour conserver cette énorme quantité d'animaux qu'il est impossible de vider, de dépecer et de fumer le même jour, on emploie un procédé assez extraordinaire; il consiste à plonger les rennes tués dans une eau courante. Ils s'y conservent près d'une semaine, assure un voyageur russe, qui a parcouru les provinces asiatiques de l'empire avec une mission officielle.

III

CHASSE AU DAIM ET A L'ÉLAN

DANS LE NORD DE L'AMÉRIQUE.

Au nord de l'Amérique, sur les frontières du Canada et des États-Unis, dans ces vastes contrées que la civilisation entame chaque jour un peu, la chasse est l'unique profession d'une foule d'hommes intrépides et vigoureux, qui manient leur lourde carabine avec une adresse merveilleuse, et dont F. Cooper a peint de main de maître le caractère, les mœurs et la vie tout entière dans son immortelle trilogie.

Le costume de ces chasseurs se compose d'une veste et d'un pantalon de peau ; leurs pieds sont chaussés de mocassins, espèce de brodequins formés d'une seule pièce de peau de buffle qui entoure le pied et le bas de la jambe ; à leur ceinture pend le tomahawk, cette redoutable hache indienne ; une corne renfermant une livre de poudre, un long couteau, un sac et un moule à balles complètent leur équipement, qui tient à la fois du citoyen et du sauvage. Ce sont ces chasseurs, plus connus sous le nom de *coureurs des bois,* qui, trop civilisés pour vivre complétement de la vie des sauvages, d'une humeur trop indépendante pour se plier aux lois, aux règlements et aux exigences d'une so—ciété régulièrement constituée, règnent en maîtres, au delà de la ligne des défrichements, dans la large zone d'où la civilisation a chassé les tribus no—

mades des Indiens, sans y avoir pris elle-même racine : ces coureurs des bois préparent donc ses conquêtes; mais ils ne songent pas à en profiter, puisqu'ils reculent pas à pas devant elle, comme les peuplades indigènes reculent sans cesse devant eux.

On se ferait difficilement une idée de la longueur des voyages qu'exécutent ces hommes aux jarrets d'acier, de la facilité avec laquelle ils se dirigent au milieu des forêts, des privations auxquelles ils se soumettent, du courage qu'ils déploient en toute circonstance, des innombrables dangers qu'ils bravent et dont ils se tirent avec les seules ressources de leur expérience et de leurs bras. Presque toujours seuls ou réunis par petits groupes, ils ont très-souvent maille à partir avec des tribus indiennes qui les voient de mauvais œil empiéter sur leur territoire de chasse. Pour atténuer le danger de semblables démêlés, ils cherchent par des présents, par des services, à gagner la bienveillance de quelques chefs de peuplades, et, en épousant leurs querelles, ils se ménagent des alliés et un refuge au besoin.

Leur manière de chasser n'est praticable que pour des hommes de leur trempe. Accompagnés d'un chien, ils suivent le gibier à la piste, et parviennent presque toujours à le rapprocher assez pour le tirer : quand ils tirent, l'animal est mort.

Aussitôt tué, ils l'accrochent à une branche, le dépouillent, pendant qu'il est encore tout chaud, avec autant de promptitude que de dextérité, et ajoutent cette peau à celles qu'ils ont déjà. Quant au corps de la bête, presque toujours ils l'abandonnent, après en avoir prélevé quelques tranches pour leur repas du jour et du lendemain. Que feraient-ils, en effet, de cette masse de chair qu'ils ne peuvent ni consommer ni vendre ? Ils laissent donc appendu à sa branche le cadavre du daim ou du cerf.

Les corbeaux, qui, perchés sur les cimes voisines, suivaient en croassant et en battant des ailes l'opération du chasseur, fondent sur leur proie dès qu'il s'est éloigné. Peu d'heures après, il ne reste plus la moindre parcelle de chair autour des os du squelette, et le vent le balance avec des craquements étranges qui ont fait tressaillir plus d'un voyageur européen.

Ce qui prouve d'une façon péremptoire l'adresse de ces chasseurs, c'est que sur un millier de peaux de daim expédiées en Europe, il n'y en a pas vingt qui ne portent pas le trou de la balle exactement au même endroit : la balle a toujours traversé de part en part les deux épaules de l'animal. Lorsqu'ils l'ont ainsi abattu et mis dans l'impossibilité de fuir, ils l'achèvent d'un coup de crosse sur la tête, afin de ne point endommager sa dépouille. C'est par le même calcul et dans le même but qu'ils l'ont frappé à l'épaule, seul endroit où la balle peut entamer la peau sans inconvénient, parce que son trou, relégué aux bords antérieurs de la peau, n'enlève rien à sa valeur commerciale.

Ces chasseurs, quand une journée ne leur a pas été favorable, essaient de réparer pendant la nuit l'insuccès de la veille : pour cette chasse, qui n'est possible que par les plus épaisses ténèbres, il faut le concours d'au moins deux personnes. L'une, portant suspendue au bout d'un bâton une marmite remplie de pommes de pin allumées, qu'elle élève au-dessus de la tête de son compagnon armé de sa carabine, le suit pas à pas. Les lueurs vives et vacillantes que projette cette espèce de phare ambulant opèrent sur les animaux sauvages qui l'aperçoivent une véritable fascination. Au lieu de fuir, ils restent immobiles, les yeux fixés sur la flamme. Or, par un effet d'optique facile à comprendre, le chasseur à la carabine, qui se trouve sous le chaudron, voit briller ces yeux dans l'obscurité : il tire entre les deux points brillants, et manque rarement de loger sa balle dans l'intervalle qui les sépare. Il frappe ainsi à la tête un animal dont il n'a pas même entrevu le corps; aussi arrive-t-il très-souvent qu'à cette chasse on tue un loup en croyant abattre un daim.

IV

CHASSE AUX CERFS

DANS LA FLORIDE.

Une remarque que chacun a dû trouver l'occasion de faire, c'est qu'il serait très-facile de profiter de la bonne intelligence qui règne entre beaucoup d'animaux d'espèces différentes pour approcher ceux qu'on veut tuer. Si l'on ne tire pas plus souvent parti de cette circonstance, c'est sans doute parce que la chasse étant devenue, dans un pays aussi peuplé et aussi civilisé que le nôtre, plutôt une affaire de mode et d'amusement qu'un travail, qu'un moyen de pourvoir à sa subsistance, nos chasseurs ne se soucient pas de se mettre en campagne avec un attirail incommode, et qui prêterait singulièrement aux plaisanteries bonnes et mauvaises. Mais chaque fois qu'un amateur voudra se donner la peine, pour s'approcher en plein jour d'une bande de canards, de vanneaux et même d'oies sauvages, de fabriquer un déguisement avec une peau de vache, par exemple, de se déguiser en vache, pour parler net, le stratagème lui réussira infailliblement, puisqu'il sera sûr de pouvoir tirer à demi-portée.

Les Indiens de la Floride se servent d'un moyen analogue pour tuer un grand nombre de cerfs, dont la chasse est une de leurs principales ressources. Mais ils ne se couvrent pas seulement de la peau d'une biche à laquelle ils ont conservé la tête; ils imitent encore les allures de cet animal au point de pouvoir, à certaines époques de l'année, sans exciter leur défiance, s'approcher assez près des mâles pour les tuer à coups de pique. Le reste du temps, ils trouvent plus avantageux de choisir la dépouille d'un cerf, et ils se servent alors d'arcs et de flèches, bien préférables, en cette circonstance, au fusil et à la poudre, parce que les premières donnent la mort sans flamme ni explosion.

Les indigènes de la Guyane, pour s'emparer des oiseaux aquatiques qui pullulent sur les étangs dont leur pays est entrecoupé, emploient souvent un procédé aussi singulier qu'ingénieux. Quand les oiseaux se tiennent sur un étang dont la largeur les met à l'abri des flèches qu'on essaierait de tirer du rivage, ces Indiens placent sur leurs têtes une courge creusée et percée de trous, de manière à ce que celui qui s'en coiffe puisse voir et respirer. Ainsi équipés, ils se coulent doucement dans l'eau, s'y plongent de manière à ce que la courge seule paraisse à sa surface, et s'avancent lentement, sans imprimer à l'eau la moindre agitation, jusque auprès des canards ; ils les saisissent par les pattes, les attirent prestement sous l'eau, leur tordent le cou, les attachent à leur ceinture, et continuent ce manége tant qu'un faux mouvement ou un oiseau manqué ne donne pas l'éveil à la bande, qui prendrait aussitôt sa volée.

V

CHASSE AU TIGRE ET AU JAGUAR.

La férocité, la force musculaire, l'agilité prodigieuse du grand tigre d'Asie sont trop connues pour que je répète ici tout ce qui a été dit à ce sujet. Des faits irrécusables attestent qu'un tigre, parvenu à son entier développement, abat un bœuf d'un seul coup de griffe sur la tète, et l'emporte sans s'arrêter à une distance de plusieurs kilomètres.

On donne, dans certaines parties de l'Inde, le nom de *mangeurs d'hommes* à de vieux tigres, qui, ayant eu l'occasion de dévorer une femme, un enfant, ou quelque imprudent chasseur, ont tellement pris goût à la chair humaine, qu'ils dédaignent toute autre proie.

Le mangeur d'hommes, au lieu de s'écarter des lieux habités, comme les tigres en général, établit son repaire dans un fourré impénétrable, à une petite distance d'un village ou d'une route fréquentée, et le quitte, dès que sa faim se réveille, pour se mettre en embuscade. Caché dans un champ de cannes à sucre, dans une touffe de roseaux, il guette sa proie favorite; s'il aperçoit un groupe de plusieurs hommes, il se tient cói et n'attaque pas, surtout s'il y a parmi eux des individus habillés à l'européenne et armés de fusils ; si au contraire il passe à sa portée une femme qui va puiser de l'eau, un laboureur se rendant à son champ, un voyageur isolé, en trois bonds le tigre est sur lui, l'empoigne dans sa gueule, l'emporte et disparait sans que la victime ait pu pousser un cri, sans que lui-même ait trahi sa présence par un hurlement de joie.

Bientôt les habitants du village s'aperçoivent du voisinage du mangeur d'hommes, par la disparition quotidienne d'un des membres de la communauté. Mais ils ont beau redoubler de vigilance et de précaution, ne sortir de leurs maisons qu'en bon nombre et armés, ne plus vaquer à leurs occupations ordinaires, modifier leur manière de vivre, leur sanguinaire voisin continue à prélever sur eux sa dîme de chair humaine, qu'il vient quelquefois en plein soleil saisir sur le seuil même d'une habitation. Personne ne l'a vu venir ; il est tombé comme du ciel, et avant que les témoins de ce nouveau meurtre aient secoué leur stupeur, le mangeur d'hommes a disparu avec sa proie.

Si, sur ces entrefaites, un chasseur ne paraît pas dans le canton, si un détachement de troupes anglaises ne passe pas, les pauvres Indous prennent un grand parti. Tous les hommes du village, jeunes et vieux, s'arment d'un sabre ou d'une pique et d'un bouclier, jurent de venger la mort de leurs parents ou de leurs amis, et de tuer le tigre.

Ils cernent son repaire et se précipitent tous à la fois contre l'animal, qui, accablé par le nombre des assaillants et percé de mille coups, expire bientôt, mais non sans vengeance ; car dans ces expéditions les Indous perdent souvent une vingtaine de combattants. Il est assez remarquable que les Indous, généralement mous et apathiques, et dont la pusillanimité est notoire, se conduisent dans ces circonstances en vrais héros. Aucun n'hésite ni ne recule, même ceux au milieu desquels le tigre veut faire une trouée pour s'enfuir.

La chasse au tigre, la véritable chasse, car on ne peut donner ce nom à cette levée en masse de pauvres diables mal armés, se ruant pêle-mêle en désespérés contre le monstre qui les met en coupe réglée, est l'apanage des grands du pays et des riches Anglais établis dans leurs possessions de l'Inde.

Quand un tigre a été découvert par les *béhels* ou *bhéels* (c'est le nom des hommes composant une caste de l'Inde, dont le principal métier consiste à découvrir et à suivre la piste des tigres pour le compte des amateurs qui en ont toujours plusieurs à leurs gages); quand les béhels, dis-je, ont découvert un tigre, et qu'une partie de chasse a été organisée, les chasseurs, montés sur des éléphants, et précédés par les béhels qui font l'office de limiers, entourent le fourré où le tigre s'est caché. Il y a des béhels assez hardis pour suivre les traces du tigre jusqu'à son repaire et pour ne battre en retraite que lorsqu'ils l'ont vu. D'après les indications précises qu'ils donnent, les chasseurs s'avancent chacun de leur côté vers le point où l'animal féroce est rembuché. Grâce à la force prodigieuse des éléphants, qui se font jour à travers les buissons les plus épais, et à travers les branches entrelacées des arbres, qu'ils écartent et brisent au besoin, les chasseurs suivent une ligne droite et parviennent ainsi jusqu'au tigre, qui, si les mesures ont été bien prises, se trouve complétement cerné.

Dès que l'éléphant sent que le tigre n'est plus loin, il élève sa trompe, souffle avec violence et se met sur la défensive. S'il est bien dressé, en voyant le tigre il reste immobile. Ceux qui foncent dessus, ceux qui fuient, exposent également leur cavalier aux plus affreux dangers : dans le premier cas, il court le risque d'être précipité sur le tigre ; dans le second cas, d'être brisé contre un arbre ou lancé dans un ravin, par suite de la course rapide et désordonnée de sa monture.

Lorsqu'au contraire son éléphant reste immobile en face du tigre, le chasseur évite les deux plus grands périls qu'il ait à redouter. Posté à quatre mètres environ au-dessus du sol, ayant ses mouvements libres, protégé par la trompe de son éléphant, il vise à son aise et tire dans les meilleures conditions pour atteindre son but. Comme les fusils des chasseurs (ils en ont deux ou trois chacun) sont d'un très-fort calibre, qu'ils font feu tous à la fois sur le tigre avant son premier bond, il n'est pas rare que leur première décharge ne l'abatte pas ou du moins ne le blesse pas grièvement. Mais le tigre a la vie excessivement dure, et il ne cesse d'être dangereux que lorsqu'il est mort. On cite un officier anglais qui, étant descendu de son éléphant pour mesurer un tigre couché sans mouvement, reçut de l'animal qu'il croyait mort un coup de patte qui nécessita l'amputation de la jambe touchée.

On vit un jour à cette chasse un tigre continuer à se défendre pendant plus d'un quart d'heure, après avoir essuyé le dernier coup de feu, sans donner le moindre signe d'une diminution quelconque ni dans sa force ni dans son agilité, et tomber au bout de ce temps comme foudroyé. Examen fait de son cadavre, on reconnut avec étonnement qu'une balle l'avait frappé entre les deux yeux et s'était logée derrière l'os frontal. La blessure était donc mortelle ; et physiologiquement il fut impossible d'expliquer comment l'animal avait pu non-seulement survivre un quart d'heure à une pareille lésion, mais continuer à déployer autant de vigueur.

L'impression que produit sur un homme, si brave qu'il puisse être, le premier tigre qu'il aperçoit en liberté, est si profonde, que de vieux militaires, qui ont assisté à vingt combats et vu stoïquement les balles, les boulets et la mitraille pleuvoir autour d'eux, perdent toute présence d'esprit en face de leur premier tigre, et souvent même ne songent pas à le coucher en joue. La beauté de l'animal, les rayons verts qui jaillissent de ses prunelles, la souple et moelleuse impétuosité de ses mouvements, ses bonds, sa physionomie hideusement féroce, ses grognements lugubres, tout cet ensemble, dont on ne se faisait aucune idée, malgré tout ce qu'on avait pu lire et entendre dire, exerce sur l'homme le mieux trempé un étonnement qui va jusqu'à la stupeur. Mais chez les individus de cette nature il n'y a que le premier pas qui coûte ; et tel qui a fait très-sotte figure à son premier tigre, devient quelquefois sans transition, en

face du second, d'une audace poussée
au delà de toutes les règles de la prudence.

Il existait, il y a quelques années, à
Paris un officier ayant longtemps servi
au Bengale. Un jour, à la chasse, il
tomba de dessus son éléphant, qui fonçait sur un tigre; celui-ci le saisit dans
sa gueule comme un chat prend une
souris, et l'emporta au galop. Les
compagnons de chasse de l'officier, ne
pouvant faire usage de leurs fusils,
durent se contenter de poursuivre le
tigre en poussant de grands cris. Un
large fossé se présenta : le tigre le
franchit sans lâcher sa proie; mais au
bout de quelques pas, effrayé par un
autre groupe de chasseurs qui parurent inopinément devant lui, il se
débarrassa de son fardeau en faisant
un bond de côté. On releva l'officier;
il était évanoui, mais sans blessures
graves. Revenu à lui, il répondit avec
un flegme parfait aux questions de ses
amis, que le tigre l'avait porté très-

délicatement jusqu'au fossé ; mais qu'arrivé là il avait naturellement dû le serrer un peu plus, pour ne pas le perdre, et qu'alors seulement il s'était évanoui, par suite de la formidable pression exercée sur ses côtes.

Le tigre d'Amérique, auquel les naturalistes ont donné le nom de jaguar, est un peu moins grand que le tigre d'Asie ; mais il est aussi féroce et plus agile peut-être. Sa force est prodigieuse pour sa taille, puisqu'on l'a vu emporter un cheval et traverser, avec une charge si lourde et si embarrassante, un fleuve large et rapide. Le jaguar est un animal nocturne plutôt que diurne. Il se retire, pendant le jour, dans les cavernes les plus obscures, et ne se met en campagne que lorsque le soleil disparaît à l'horizon. Sa fourrure est la plus estimée et la plus belle de la famille des chats. Le dos est d'un fauve vif, que relèvent le long des flancs quatre rangées d'anneaux foncés avec une tache noire au milieu ; le ventre est blanc et rayé de bandes noires.

Les plus intrépides chasseurs du jaguar sont les *Gauchos*, des environs de Montevideo. Ces hommes, véritables centaures, toujours à cheval, sans autres armes qu'un poignard et un *lazo*, attaquent le jaguar en rase campagne et l'étranglent.

Voici, d'après un témoin oculaire, la manière de chasser, ou plutôt de combattre, du Gaucho. Monté sur un cheval ardent et fougueux, qu'il maîtrise et manie avec une dextérité étonnante, le Gaucho part seul à la recherche des jaguars. Aussitôt qu'il aperçoit sur le sol la piste fraîche de l'un d'eux, il la suit jusqu'à ce qu'il ait rejoint l'animal. Dès qu'ils sont en présence, le Gaucho saisit son lazo, dont un bout est solidement fixé à sa selle, et dont il fait tournoyer l'autre bout autour de sa tête. Si en ce moment le cheval, effrayé, cessait de présenter sa tête au jaguar, il serait perdu, ainsi que son cavalier.

Pendant que le jaguar, l'œil fixe, grondant et mâchant à vide, s'avance vers lui oblique et rampant, le Gaucho mesure son coup. Enfin, juste à l'instant où le jaguar se ramasse pour bondir et plonger sur le cheval, le Gaucho lance son lazo avec tant de force et de précision, que son extrémité libre s'enroule autour de la tête et du cou du jaguar ; le lazo n'est pas plutôt parti en sifflant de sa main, que le cavalier pousse sa monture à fond de train, et entraîne après lui le jaguar se débattant dans la poussière.

Comme le bout fixe du lazo tient solidement à la selle, et que celle-ci, au moyen d'une sangle embrassant le poitrail du cheval, est suffisamment maintenue sur son dos pour résister au poids du jaguar, au bout d'une course de dix minutes l'animal est étranglé, ou mis dans un tel état que le Gaucho l'achève facilement d'un coup de poignard dans le cœur.

VI

CHASSE AU LION.

Quoique incontestablement plus courageux que le tigre, en ce sens qu'il attaque presque toujours sans attendre qu'il soit blessé ou cerné, le lion cherche comme lui à surprendre sa proie ou son ennemi. Ses allures en cette circonstance sont celles du chat guettant une souris : mêmes précautions pour dissimuler sa marche ; il s'allonge, il rampe, profitant de tous les accidents du terrain, des bouquets d'arbres, des broussailles, des rochers, pour approcher sa victime de manière à pouvoir tomber dessus d'un seul bond.

Ce qui rend la chasse au lion plus dangereuse que celle du tigre, c'est que tandis que celui-ci, à la vue d'une troupe d'hommes armés, s'enfonce dans un fourré, s'y cache, se laisse harceler sans en sortir, au point qu'on est quelquefois obligé d'employer le feu pour le débusquer, le lion fond souvent sur les chasseurs sans qu'ils s'y attendent : l'impétuosité de son attaque est telle, que plusieurs hommes peuvent tomber sanglants et mutilés avant que les autres aient épaulé leurs fusils.

Dans l'Inde, on chasse le lion comme le tigre, sur des éléphants. Tous les journaux de Bombay et de Calcutta ont raconté, dans le temps où elle arriva, vers 1830, l'aventure d'un jeune fonctionnaire de la Compagnie des Indes, qui dut la vie à la force et à la sagacité de l'éléphant qu'il montait.

Il venait de tirer un lion, qui, atteint au milieu de son élan, avait roulé aux pieds de l'éléphant. L'Anglais s'apprêtait à lâcher son second coup de fusil;

mais pendant qu'il visait, le lion, en se débattant, blessa l'éléphant à la jambe. Celui-ci fit un mouvement si brusque que le chasseur perdit l'équilibre et tomba sur le lion, qui le saisit entre ses redoutables griffes. Il était mort, si l'éléphant, enlaçant sa trompe autour d'un arbre de la grosseur de la jambe, au pied duquel se passait l'événement, ne l'eût ployé de manière à étreindre le lion entre le tronc de l'arbre et le sol. La pression fut assez forte pour briser les reins du lion, dont la mort fut instantanée. Par un bonheur providentiel, le chasseur n'avait aucune partie du corps engagée sous le levier dont s'était servi l'éléphant ; on le releva meurtri, sans connaissance, et il en fut quitte pour un bras cassé, une côte enfoncée et quelques profondes égratignures. Trois mois après, il repartait à la chasse pour venger ses blessures à peine cicatrisées.

Les lions d'Afrique sont généralement de plus forte taille que ceux de l'Asie, et cependant ce sont eux dont un jeune et brave officier de notre armée d'Afrique semble avoir juré de purger l'Algérie. Puisqu'il s'agit de lions, je ne crois pouvoir mieux faire que de laisser parler Gérard, que les Arabes ont surnommé *le Tueur de Lions,* seul nom sous lequel ils le connaissent et qu'il a bien mérité.

Après avoir raconté comment, pressé par les sollicitations d'un douar arabe, dont un lion dévastait les troupeaux sans ménager leurs gardiens (deux avaient déjà été dévorés), il s'était décidé à débarrasser le canton de cet incommode voisin, Gérard continue ainsi :

« Arrivé au fort du fourré, nous nous trouvâmes en face du taureau que le lion avait enlevé. Je me fis apporter mon dîner, et je renvoyai les Arabes en leur enjoignant de ne revenir que le lendemain.

« Je m'installai au pied d'un olivier sauvage, à trois pas du taureau. Je coupai quelques branches pour me couvrir par derrière, et j'attendis.

« J'attendis bien longtemps. Vers huit heures du soir, les faibles rayons de la nouvelle lune, qui se couchait à l'horizon, éclairaient à peine le coin de terre où allait se passer une bien belle scène. J'étais appuyé contre le tronc de l'arbre : ne pouvant plus distinguer que les objets qui se trouvaient près de moi, j'écoutai attentivement. Une branche craque au loin. Je me lève, et je prends une position offensive commode. Le coude appuyé sur le genou gauche, le fusil à l'épaule et le doigt sur la détente, j'attends un instant sans rien entendre. Enfin un rugissement sourd part à trente pas de moi, puis se rapproche. Au rugissement succède l'espèce de roulement guttural qui est chez le lion le signe de la faim ; puis l'animal se tait, et je ne l'aperçois que lorsque sa tête monstrueuse est sur les épaules du taureau. Il commençait à le lécher, lorsqu'un lingot de fer le frappe à un pouce de l'œil gauche. Il rugit, se lève sur ses pieds de derrière, et reçoit un second lingot qui l'abat sur place. Atteint de ce second coup au poitrail, il était étendu sur le dos et n'agitait que ses énormes pattes. Après avoir rechargé, et voyant qu'il était presque mort, je lui envoie un coup de poignard au cœur ; mais, par un mouvement involontaire, il pare le coup, et ma lame se brise sur son avant-bras. Je saute en arrière, et, comme il relevait sa tête, je le frappe de mes deux coups de feu, qui l'achèvent. »

Gérard a déjà tué de cette manière, à part quelques légères variantes, une douzaine de lions. Armé d'un excellent fusil, qu'il tient de la munificence du duc d'Aumale, et d'un poignard *trempé pour lion*, dont le *Journal des Chasseurs* lui a fait hommage, il va seul les attendre à l'affût, comme s'il s'agissait d'un lapin ou d'un chevreuil.

Une autre lettre de Gérard, dont je

ne transcrirai que quelques passages,
va nous montrer cependant ce que
peut un lion, même dangereusement
blessé.

« Dans la nuit du 2 au 3 janvier 1847,
je blessai mortellement de trois lingots,
au défaut de l'épaule, un lion que
j'avais longtemps suivi. L'ayant perdu
de vue, et ne pouvant achever ma victoire pendant la nuit, je revins au
camp.

« Le lendemain, accompagné du
spahis Rostain et du scheik Moustapha,
je retournai sur les traces de mon animal. Après l'avoir suivi au sang pendant
près d'une demi-heure, nous le retrou-
vâmes, encore vivant, dans un fourré.
A notre arrivée, le lion rugit. Comme
le bois dans lequel il se trouvait était
impénétrable, je plaçai Rostain et sept
ou huit Arabes, qui s'étaient joints à
nous, sur la lisière du fourré, avec
l'ordre de jeter des pierres quand ils
me verraient au fond du ravin, c'est-à-

dire à cinquante pas d'eux. L'animal, mortellement blessé, devait, d'après mes suppositions, descendre sur moi en entendant du bruit au-dessus de lui.

« Malgré les pierres qui pleuvaient, le lion ne bougeant pas, je fis signe à Rostain de n'en plus jeter. Au bout d'un instant, je vis le lion, n'entendant plus de bruit, sortir lentement et écouter...

« A son aspect, les Arabes tournèrent casaque et entraînèrent Rostain. Le lion se dirigea de leur côté, et, voyant Rostain plus rapproché, s'attacha à lui : tantôt bondissant, tantôt roulant quelques pas, mais se relevant aussitôt en rugissant pour se remettre à la poursuite de Rostain, il reçut de moi une balle qui aurait sauvé ce dernier, si en courant il n'avait fait un faux pas et n'était tombé. Le lion le saisit au moment même où il se relevait, et roula avec lui, tenant dans sa gueule la cuisse de ce malheureux, pendant qu'il lui labourait les flancs avec ses griffes. Après avoir fait ainsi quelques pas, l'animal abandonna sa victime et disparut dans le ravin...

« Le lendemain, je retournai au bois, suivi d'une trentaine d'Arabes. Après avoir repris les traces du lion à l'endroit où la veille il avait attaqué le spahis, nous le suivîmes pendant trois cents mètres toujours au sang. Là, il entrait dans un fourré. Nous essayons, à force de cris et de pierres, à débûcher le lion ; il ne bouge pas. Enfin un indigène le voit couché sous un énorme lentisque ; il fait feu et le manque. Le lion s'élance ; mais il ne peut fournir un bond assez vigoureux, et l'Arabe lui échappe. Un autre se trouve en face de lui et l'ajuste. Le lion se couche et attend ; l'Arabe, effrayé de cette démonstration, tourne la tête pour s'assurer s'il n'est pas seul ; l'animal bondit, d'un coup de griffe il lui ouvre la joue, laboure la crosse de son fusil et sa main, et, le prenant par les reins,

l'envoie à dix pas de là dans un lentisque (cet Arabe, grâce à la faiblesse
du lion, en a été quitte pour huit jours
d'hôpital).

« Le lion, continuant sa route, rencontre un autre Arabe armé d'un fusil
à baïonnette. Sans s'arrêter il fait un
crochet de la baïonnette, envoie l'Arabe
à quelques pas de là d'un coup de sa
queue, et arrive au bord de la rivière
vers un guet gardé par cinq Arabes.
Ceux-ci prennent la fuite, et le lion
passe tranquillement. »

Pendant ce temps-là, Gérard, de
l'autre côté du bois, gardait inutilement
l'issue opposée. Le lion lui échappa
donc encore ; mais il le trouva mort
huit jours après : les deux lingots qu'il
lui avait envoyés étaient restés dans
son épaule, entièrement fracassée.
Nous avons vu comment ce terrible
animal s'était défendu avec un membre
hors de service et une horrible blessure remontant à deux jours ; quelle

devait donc être la puissance d'un pareil monstre quand Gérard l'avait attendu et frappé pour la première fois !

VII

CHASSE AUX BUFFLES ET AUX GNOUS

DU CAP.

Le buffle du Cap (*Bos Cafer* des naturalistes) l'emporte en volume et en force sur tous ses congénères. Il se distingue des autres buffles par les formes rondes et trapues de son corps, la brièveté de ses jambes et surtout par ses cornes, qui, sortant de la tête très-près l'une de l'autre, commencent à s'éloigner pour rapprocher leurs pointes, après avoir décrit un cercle presque complet. Ces cornes présentent à leur base, chez les vieux mâles, de soixante à soixante-dix centimètres de circonférence, et comme de plus elles saillissent au milieu d'un large bourrelet, il s'ensuit que le front des buffles du Cap est protégé et armé d'une manière formidable.

Quand le buffle se précipite en avant, son poids, qui atteint mille kilos, et la rapidité de sa course, lui font acquérir une puissance d'impulsion telle que rien ne saurait lui résister. Il passe comme une trombe au milieu du fourré le plus épais, culbutant des arbres, rompant des branches de la grosseur du genou d'un homme. On a vu un mâle, ainsi lancé, briser une de ses cornes contre un rocher masqué par des buissons.

« Or, la corne du buffle est la plus solide des cornes, dit le voyageur auquel nous empruntons ce détail, nullement cassante comme l'ivoire, et vingt coups d'une hache bien tranchante, portés par un homme exercé, suffisent à peine pour produire le même effet. »

Ajoutons que, si le buffle détale lorsqu'on lui tire un coup de fusil et qu'on le blesse sans le poursuivre, il n'en est plus de même lorsqu'il s'aperçoit qu'on vient le relancer dans le fourré où il s'est retranché. Alors il charge le chasseur, le nez appuyé sur son poitrail, et n'offrant aux atteintes meurtrières du plomb que son front cuirassé, sur lequel ricochent les balles ordinaires. Si le chasseur n'a pas à côté de lui un tronc d'arbre derrière lequel il puisse s'abriter, il est broyé, moulu ; car son ennemi, c'est-à-dire une masse de mille kilogrammes lancée avec l'impétuosité d'un cheval au galop, arrive droit sur lui.

Le pis, c'est que le buffle, une fois qu'il a commencé à charger un homme, ne s'en tient pas à sa première passe ; dès qu'il a pu rompre son élan, il s'arrête, beugle, remarque bien la place où il a laissé son ennemi, et fond une seconde, une troisième fois sur lui, jusqu'à ce qu'il l'ait réduit en une espèce de bouillie sanglante.

Mais quand le chasseur s'est ménagé un abri derrière un tronc séculaire, pour peu qu'il conserve sa présence d'esprit, la fureur du buffle et son acharnement causent sa perte. En effet, comme à chacune de ses charges, qui l'entraînent à plus de cent pas de son but, il passe à côté du chasseur, celui-ci s'efface et profite du passage du buffle, pour le tirer avec un de ces lourds fusils dont seize balles pèsent un kilogramme.

Un chasseur se trouva un jour chargé par un buffle qu'il avait blessé sur un terrain parfaitement nu. Attendre bravement l'animal et le tirer ne pouvait le sauver; car quand il lui aurait traversé la cervelle à dix ou à quinze pas, le buffle, même mort, l'eût écrasé par le seul effet de son impulsion; fuir était retarder sa mort de quelques secondes au plus. Dans cette situation critique, le chasseur se laissa tomber à plat sur le sol. A peine avait-il par un mouvement instinctif croisé ses deux bras sur son front, que le buffle arrive : la tète du buffle touche la tète du chasseur, glisse dessus, emporte sa casquette et une partie des vêtements qui couvraient son dos, comprime tout son corps à l'écraser, passe, et, emporté par son brutal élan, va culbuter dans une fondrière située à cinquante pas plus loin. Notre chasseur se releva étourdi, froissé, pouvant à peine respirer, mais sans blessures. Il est difficile de voir la mort de plus près.

En pareille circonstance, quelques Cafres osent employer un autre moyen qui les sauve parfois : c'est d'attendre le buffle, de lui sauter sur le garrot, de glisser sur son dos et de retomber derrière lui. Ce moyen réussit si le Cafre ne se casse pas un bras ou une jambe dans ce formidable saut, et s'il trouve un abri, un refuge quelconque avant la seconde charge de la bête.

Dans les parties montagneuses de l'Afrique australe, vit en troupe un grand quadrupède sur lequel les anciens paraissent avoir eu juste assez de notions pour débiter sur son compte des histoires merveilleuses. Voici ce qu'en racontent Elien et Pline. Après avoir donné une description assez exacte du gnou, ils ajoutent qu'il se nourrit uniquement de plantes vénéneuses, que son souffle empeste l'air autour de lui, en sorte que les animaux et les hommes qu'il regarde perdent la voix et meurent dans d'affreuses convulsions.

Il est certain que peu d'animaux prêtent au merveilleux autant que le gnou, puisque sa forme générale rappelle ces compositions fantastiques, ces êtres imaginaires bizarrement fabriqués d'emprunts faits à des espèces différentes. Le gnou, en effet, a la face et les cornes du buffle, la crinière du cheval, la barbe du bouc, la croupe du couagga, les jambes et les pieds du cerf. Cependant, chose remarquable, le corps du gnou, composé d'éléments aussi divers, malgré son aspect étrange, n'a rien de décousu. C'est un magnifique animal, d'une agilité extrême, bondissant comme un chamois, et courant avec la vitesse du cheval sauvage.

La chair du gnou est très-estimée ; aussi les colons du Cap lui font-ils une rude guerre ; mais sa chasse n'est ni sans danger ni surtout sans difficulté, parce qu'il est fort rare de surprendre une bande de gnous, et presque impossible de les suivre à la course. A la moindre apparence de danger, ils détalent, non confusément, mais à la file les uns des autres, et conduits par un vieux mâle, chef de la bande. Dès qu'ils ont mis entre les chasseurs et eux une distance capable de les rassurer, ils s'arrêtent, se retournent, et regardent : si les chasseurs continuent à s'avancer, les gnous expriment leur colère en frappant les taupinières de leurs cornes, et après quelques bonds exécutés et se mâtant sur les pieds de derrière pour plonger sur les pieds de devant avec une brusque ruade, ils partent pour recommencer le même manége. Quand les assaillants sont peu nombreux, le chef de la troupe des gnous fond parfois sur eux et les frappe de ses pieds et de ses cornes. Son attaque est peut-être plus redoutable que celle du buffle même, parce qu'il dirige mieux sa charge, et n'est pas, comme celui-ci, toujours emporté par elle.

VIII

CHASSE A L'ÉLÉPHANT, AU RHINOCÉROS ET A L'HIPPOPOTAME.

Il suffit de regarder un éléphant pour comprendre combien la chasse d'un pareil colosse doit offrir de dangers, surtout si l'on pense en même temps à la sagacité et à l'intelligence de cet animal.

Un fait qu'il me semble assez difficile d'expliquer d'une manière satisfaisante, c'est que les éléphants qui vivent en troupe songent plutôt à fuir qu'à se défendre et à attaquer leurs agresseurs, tandis que les individus isolés, qui se sont volontairement séparés de leur bande ou qui en ont été repoussés, sont d'un naturel féroce et se jettent avec fureur sur les hommes et les animaux qu'ils rencontrent. Un riche Anglais, traversant en palanquin, avec ses deux filles, une plaine de l'île de Ceylan, fut un jour attaqué par un de ces solitaires, qui mit le palanquin en pièces et s'acharna sur les corps de ses victimes jusqu'à ce qu'il les eût réduites en lambeaux. Récemment encore, dans l'Inde, un éléphant se rua en plein jour au milieu d'un village, et y commit des dégâts épouvantables, brisant les clôtures, enfonçant les portes, et tuant ou blessant un grand nombre d'habitants. Un détachement d'artillerie, mandé à toute hâte, arriva sur les lieux, et il fallut plusieurs décharges de deux pièces de quatre pour abattre cet éléphant, qui se précipita sur les canons et reçut deux volées de mitraille presque à bout portant. Malgré ses nombreuses blessures, il ne resta pas sur la place; renversé, il se releva perdant son sang à gros bouillons, et put gagner un bois situé à plusieurs kilomètres, où on le trouva mort quelques jours après. On retira de son corps dix-neuf biscaïens.

On chasse l'éléphant dans deux buts bien différents, et qui exigent l'emploi de moyens fort opposés : dans le premier cas, on veut s'emparer de l'animal vivant, pour le réduire en domesticité ; dans le second, on ne cherche qu'à le tuer, afin de profiter de ses dépouilles, dont la plus précieuse est l'ivoire de ses défenses.

Le procédé le plus usité dans l'Inde pour s'emparer d'un éléphant vivant, c'est de disposer, sur un des passages les plus fréquentés par ces animaux, des nœuds coulants formés d'une forte corde fixée à un tronc d'arbre ou à un pieu. Les chasseurs cernent une troupe d'éléphants, l'effraient par des cris et la poussent de façon à faire enfiler à toute la bande le chemin où sont préparés les piéges. Il est rare que les éléphants, fuyant tumultueusement et trop pressés pour avoir le temps d'apercevoir les piéges et de les éviter, n'y laissent pas quelques-uns des leurs. Dès qu'un éléphant est pris par le pied, les chasseurs s'en approchent et le harcèlent sans lui laisser aucun repos; car livré à lui-même il parviendrait très-promptement à défaire le nœud coulant avec sa trompe.

Au bout de deux jours, il est tellement abattu par le défaut de nourriture, par la privation de sommeil, par les efforts qu'il a faits, qu'on peut essayer de le dompter. Pour y parvenir et pour le conduire à sa nouvelle demeure, on se sert de deux éléphants très-dociles et parfaitement dressés à ce manége, qui se placent de chaque côté du prisonnier et le forcent à rester tranquille pendant qu'on le détache. Ses deux gardiens l'obligent alors à marcher au milieu d'eux, ne lui épargnant ni les poussées ni les coups de trompe s'il essaie de faire le récalcitrant. Ils l'amènent ainsi jusqu'à son étable, où on les enferme avec lui pour le contenir au besoin. Son cornac lui donne à manger, le traite avec beaucoup de douceur, et le récompense, par des friandises et par une augmentation de ration, de toutes les preuves de bonne volonté qu'il manifeste. Trois à quatre mois suffisent pour l'habituer à sa nouvelle condition et à se laisser monter; mais il ne commence à bien comprendre tout ce qu'on lui veut, et à rendre avec intelligence et précision les divers services qu'on exige des animaux de son espèce, qu'au bout de six mois à un an.

Dans l'Inde, les personnes qui chassent l'éléphant ne se servent jamais de chevaux, car ceux-ci éprouvent à l'aspect des éléphants une crainte invincible, et fuiraient au galop malgré tous les efforts de leurs cavaliers; il faut donc les chasser soit à pied, soit sur des chameaux. La grande difficulté consiste à les approcher; car leurs sens les servent admirablement pour les avertir de la présence de l'homme, la seule créature qui ose attaquer une troupe d'éléphants. A la première alerte, la bande détale tumultueusement avec une vélocité qu'on serait loin de supposer chez de si lourdes masses. Il paraît que c'est un curieux spectacle que celui de la fuite précipitée de vingt à trente colosses qui font, avec le fracas d'un ouragan, une trouée au milieu d'un bouquet d'arbres avec la même facilité qu'un sanglier fait la sienne au milieu d'herbes et de roseaux. Lorsqu'ils fuient ainsi, malheur à tout ce qu'ils rencontrent : tentes, chariots, clôtures sont mis en pièces ; quant à l'homme, on n'en retrouve que des lambeaux, parce que chaque éléphant veut lui porter son coup de trompe, le piler sous ses pieds et le lancer contre un arbre.

Tant que les éléphants courent devant les chasseurs, ceux-ci ne risquent pas grand'chose ; mais dès qu'ils ont blessé l'un d'eux, et qu'ils l'ont mis hors d'état de suivre ses compagnons, alors les affaires changent de face, et souvent les poursuivants deviennent les poursuivis. C'est le moment de viser juste. Au lieu de chercher à frapper l'éléphant à la tète ou dans les parties vitales, les chasseurs dirigent leurs balles vers les jambes de l'animal, surtout vers les jambes de derrière. Si un coup adroit en brise une, la partie est gagnée, car l'éléphant, réduit à cheminer un pied en l'air, perd toute son agilité, et on le fusille jusqu'à ce que mort s'ensuive.

A propos de la chasse aux éléphants, un naturaliste distingué d'Arras, M. de Legorgue, rapporte le fait suivant dans la relation d'un voyage scientifique exécuté tout récemment au sud de l'Afrique.

« Il y avait à Port-Natal un Anglais devenu si habile chasseur d'éléphants et connaissant si bien leurs habitudes, leur état de repos, de sommeil, que, pour gagner un pari de vingt-cinq livres sterling, il n'hésita pas à aller, en présence des Cafres, arracher des poils de la queue d'un éléphant, qu'il abattit dès que l'animal tourna la tête de son côté.

« La manière de chasser de cet Anglais intrépide consistait à approcher doucement un éléphant jusqu'à lui toucher les talons ; puis, de là, appelant la bête par un *ho ! ho !* de le tirer aussitôt qu'il tournait la tête. Son coup était sûr : autant de visés, autant de morts. Mais une fois son fusil vint à rater. L'éléphant le saisit de sa trompe, le broya sur une de ses défenses, puis le jeta en l'air et le foula aux pieds jusqu'à ce que sa chair, pétrie avec la terre, formât une boue dont on pouvait à peine reconnaître le principe. »

Les Cafres, avant qu'ils eussent des armes à feu, chassaient l'éléphant à l'arme blanche, ce que la plupart des Européens qui se sont mesurés avec ce puissant animal n'ont jamais voulu croire.

Cependant, comme il est positif que les Cafres des environs de Port-Natal faisaient un commerce considérable d'ivoire quand ils n'avaient encore d'autres armes que leurs flèches et leurs zagaies (espèce de forte pique de jet), il faut bien admettre qu'ils tuaient des éléphants avec leur seul secours.

Voici comment un prince cafre expliqua un jour à un voyageur la manière dont ils chassaient l'éléphant avant l'introduction des fusils. Un homme hardi, vigoureux, et connaissant bien les habitudes de l'animal, s'en approche en rampant. Lorsqu'il n'en est plus qu'à quelques pas, il lui lance une zagaie dont le fer, forgé exprès pour cet usage, est large, plat, arrondi et très-tranchant. L'homme est mort s'il manque son coup, c'est-à-dire s'il n'atteint pas l'éléphant au jarret, ou si son arme ne pénètre pas assez profondément pour priver l'animal de l'usage de son membre ; si, au contraire, l'éléphant est estropié, une troupe de guerriers l'entoure, évite facilement ses atteintes, et finit par l'abattre sous une grêle de zagaies.

Le rhinocéros, qui pèse jusqu'à deux mille cinq cents kilogrammes, est un animal lourd, stupide et féroce. On ne le rencontre que dans les forêts humides et touffues, où il aime à se vautrer dans la fange; il se nourrit d'herbes, de joncs et de jeunes branches d'arbre. Par son aspect informe, il rappelle les animaux antédiluviens, ces ébauches grossières d'une création inférieure. Les Cafres mangent sa chair, et se servent de son cuir, excessivement dur et épais.

La poursuite du rhinocéros est très-dangereuse, parce qu'il se précipite sur tout ce qu'il voit d'extraordinaire avec une impétuosité brutale qui ne calcule rien. Il charge indistinctement un chariot vide, une tente, comme il charge un homme, parce qu'il ne semble faire aucune différence entre les objets qu'il ne connaît pas. Heureusement ses sens obtus permettent de l'éviter assez facilement; car le rayon de sa vue est très-limité, et son nez le sert si mal qu'il n'est averti de la présence du chasseur que lorsque celui-ci passe à côté du marécage où il se vautre.

Le difficile est donc, non pas d'approcher le rhinocéros et de le tirer à bonne portée, mais d'atteindre ses parties vitales à travers l'épaisse armure qui les protége. On ne peut espérer aucun résultat avec des fusils et des balles ordinaires; il faut de ces lourdes carabines, plus semblables à un pierrier qu'à un fusil, et qui chassent un lingot du poids de près de cent grammes.

Les hippopotames, qui habitent les bords d'un grand nombre de rivières d'Asie et d'Afrique, abondent dans les environs de la baie de Sainte-Lucie, située vers l'extrémité orientale de ce dernier continent. Voici comment un voyageur raconte une de ses ren-

contres avec une troupe de ces animaux.

« ... Nous suivîmes pendant plus
d'une heure un joli sentier qui côtoya
bientôt un lac de forme allongée, pré-
sentant l'aspect d'une rivière, tandis
qu'à notre droite la mer nous restait
à deux milles environ.

« Comme nous avions des éclaireurs
en avant, l'un deux revint bientôt, en
toute hâte, nous prévenir de garder
le silence le plus absolu : « Maitre, me
« dit-il à l'oreille, là-bas,... pas bien
« loin d'ici,... quatre-vingts à cent
« hippopotames sont sur un bas-fond,
« groupés et couchés ensemble, en
« partie hors de l'eau. »

« J'enjoignis à tous mes hommes
inutiles de rester là, et je ne pris avec
moi que mes chasseurs et mes porteurs
de munitions. Peu de temps après, nous
étions sur le bord indiqué, exactement
en face de la réunion de nos monstres,
que nous ne pûmes nous empêcher de

contempler avec un véritable étonnement.

« Et dans le fait, quel chasseur pourrait se vanter d'avoir contemplé en d'autres lieux une troupe aussi nombreuse d'animaux, réunis sur un si petit espace et en aussi belle place? Ils étaient à cent dix pas au plus, et rien ne nous les masquait. Le lac d'Om-Sandouss seul pouvait offrir un pareil spectacle. Figurez-vous, si vous le pouvez, une centaine de monstres aux formes rondes, lourdes, massives, aux corps gris, aux oreilles petites, transparentes et couleur de chair; aux muffles énormes, groupés, sans aucune symétrie, assez près les uns des autres pour se toucher, et occupant à peine un espace de trente-cinq à quarante pas.

« Aux mouvements d'un voisin incommode qui le gênait dans sa sieste au soleil, un vieux mâle répondait par un *hon hon* ronflant; un autre levait la tête, tendant le nez au vent, pour s'assurer si les environs ne recélaient pas quelque ennemi. Le reste de la masse, plongée dans une apathique somnolence, paraissait jouir sans inquiétude de son repos.

« Un instant s'écoule… Tout à coup l'eau agitée se soulève en cercles qui grandissent ; de leur centre, situé à trente pas de la troupe couchée, apparaît, hideuse, informe, une tête grise : c'est sans doute le plus vieux hippopotame du fleuve. Son corps se dessine peu à peu, et, porté sur ses courtes jambes, qui disparaissent dans le sable, l'animal va rallier ses compagnons : aucun ne se dérange ; il tourne un peu, trouve une demi-place, et s'y affaisse lourdement, froissant dans sa chute un jeune hippopotame, qui se relève et va se caser ailleurs.

« Nous nous apprêtons : chaque fusil s'appuie sur sa fourche, et nous tirons.

« Jamais panique au monde ne fut cause de plus de précipitation, de tumulte et de désordre. Nos baigneurs éperdus, devenus malgré leur poids d'une agilité sans pareille, se passaient sur le corps les uns aux autres...

« L'eau, soulevée par ce déplacement formidable, clapotait sous nos pieds contre la rive, dont les anfractuosités paraissaient gémir comme si un navire de deux cents tonneaux venait d'être lancé dans le lac ; et, au milieu du remous, apparaissaient çà et là des têtes étonnées...

« Nos balles pleuvaient sur ces têtes énormes... Celle-ci disparaissait ; une autre se montrait à côté, replongeant aussitôt sous nos coups. En moins de deux minutes, huit hippopotames rougissaient l'eau de leur sang. Quelques instants après, grâce à notre fusillade bien nourrie et doublée par les échos, la troupe s'éparpilla sur un large espace, et chacun de nous put choisir tel ou tel point de mire à son gré.

« Durant la première demi-heure, je comptai sept animaux atteints par mes balles tirées devant l'œil ; coups sans résultat, il est vrai, mais très-gênants pour le blessé, qu'ils forcent à reparaître plus fréquemment et plus longtemps à la surface, ce qui augmente d'autant plus les chances de succès du chasseur.

« Mais, le croira-t-on ? malgré la puissance du calibre de nos fusils, malgré nos balles mélangées de deux dixièmes d'étain (1), en dépit même de notre adresse, bien que nous eussions atteint, mes gens et moi, plus de vingt hippopotames, après une fusillade de plusieurs heures, aucune victime complétement morte n'était encore venue flotter sur l'eau (2). »

Ce récit peut donner une idée très-exacte de la chasse aux hippopotames. C'est, comme on le voit, un animal

(1) Grâce à cet alliage, les balles ne s'aplatissent pas sur la peau de l'hippopotame, la percent mieux, et pénètrent plus profondément.

(2) « Une excursion à la plage de Sainte-Lucie, au pays des Amazoulous (Afrique Sud-Est). »

craintif, qui se jette à l'eau à la première alerte et se laisse fusiller dans un petit lac, plutòt que d'essayer d'en sortir. En rivière, il est beaucoup plus difficile de le tirer, parce qu'il suit en marchant le lit de la rivière, sur lequel il court avec plus de vitesse qu'en terre ferme (1). Le poids moyen d'un hippopotame est de quinze cents à deux mille kilogrammes. La chair des jeunes est excellente, au rapport des voyageurs ; celle des vieux, dure et de mauvais goût, est dédaignée, hors les cas de disette, même par les Cafres.

(1) Cela s'explique : l'eau, dans laquelle ils se meuvent, allège le poids de leurs corps, qu'ils déplacent par conséquent avec plus de facilité.

IX

CHASSE AUX TORTUES ET AUX MANCHOTS.

Les animaux dont j'ai parlé jusqu'ici, depuis les plus faibles jusqu'aux plus gros, possèdent des moyens quel-conques de se soustraire aux poursuites de l'homme. Peu y réussissent, il est vrai ; mais tous en général ne succombent qu'après une défense acharnée, savante ou courageuse, selon les facultés de chacun.

J'ai raconté les stratagèmes des faibles, leurs ruses, la rapidité de leur fuite, qui leur permettrait d'échapper facilement à leur grand ennemi, si celui-ci n'avait pas trouvé un traitre parmi eux, le chien, qui a passé du côté de l'homme, et l'aide avec autant d'intelligence que de désintéressement dans son œuvre de destruction, légitime et nécessaire après tout.

J'ai raconté aussi comment les forts se servaient au besoin de leurs pieds et de leurs cornes, de leurs griffes et de leurs dents, pour changer leur chasse en un véritable combat, dans lequel la victoire ne penchait pas toujours du côté du roi de la création.

Je terminerai par une chasse qui mérite à peine ce nom, car le mot chasse implique une idée de défense quelconque de la part de l'animal poursuivi : or peut-on donner la qualification de chasseurs à ceux qui retournent des tortues et assomment des pingouins, sans plus de peine qu'il n'en faut pour ramasser une citrouille ou égorger un mouton ?

On rencontre des tortues dans presque toutes les contrées chaudes du globe. Elles se divisent en trois sous-genres : les tortues marines, les tortues terrestres et les tortues paludines, qui servent pour ainsi dire de transition entre celles de la première et celles de la seconde classe.

Partout on recherche les tortues, soit pour leur chair, soit pour leur carapace. La chair de la tortue franche ou verte est très-estimée, surtout par les Anglais. On en expédie à Londres des Indes, de l'Océanie et de plusieurs îles de l'Atlantique.

Mais le seul point du globe où la chasse de la tortue soit une affaire assez importante pour être réglementée par les autorités locales, c'est l'île de l'Ascension. Comme elles constituent la principale et peut-être l'unique ressource alimentaire que l'île produise, on évite tout ce qui pourrait faire perdre aux femelles qui habitent les mers environnantes l'habitude de venir déposer leurs œufs dans le sable de ses rivages. Ainsi, à l'époque de la ponte, on s'abstient de tirer le canon, et il est expressément défendu d'allumer des feux sur les grèves : deux choses capables, croit-on, d'éloigner les tortues.

Ce qui est assez remarquable, c'est que les tortues femelles sont les seules qu'on ait jamais rencontrées dans l'île ; et encore n'y viennent-elles que depuis le mois de décembre jusqu'en juin, et uniquement dans le but d'effectuer leur ponte. Aussitôt cette opération terminée, elles regagnent la mer si on ne leur coupe pas la retraite.

Les tortues qui fréquentent l'Ascension appartiennent toutes à l'espèce ci-dessus désignée, celle des tortues franches ; nulle part elles ne sont aussi grosses, puisqu'elles pèsent communément de trois cents à trois cent cinquante kilogrammes ; leur longueur est d'environ deux mètres, et leur graisse verdâtre, d'où probablement leur nom.

C'est ordinairement vers le soir, par

le clair de lune, qu'elles sortent de la
mer, s'avancent assez loin sur la plage,
y creusent un large trou et y pondent
de soixante à cent œufs. Pendant toute
la durée de leur ponte, elles restent
immobiles et ne se dérangent pas,
même lorsqu'on les touche avec un
bàton. Ces œufs, de la taille d'un œuf
de poulette (quatre centimètres de dia-
mètre), sont disposés par rangées
parallèles ; dès que la tortue a fini son
opération, elle recouvre ses œufs de
sable, égalise bien la place, et regagne
la mer pour ne plus s'occuper de sa
progéniture.

Tous les soirs, à l'époque de la ponte,
des sentinelles placées à des endroits
convenables guettent l'arrivée des tortues. Quand on s'est assuré qu'il y en
a un bon nombre occupées à pondre,
on les laisse achever leur besogne ;
mais tous les habitants de l'île, for-
mant un vaste cordon, les attendent au
retour, et à mesure qu'une d'elles se
présente, cinq ou six hommes, à l'aide

de leviers, la tournent sur le dos et la laissent dans cet état pour s'occuper des autres; car la tortue ainsi retournée est incapable de se remettre sur ses pattes, et par conséquent de bouger de place.

Le lendemain on vient les chercher avec des charrettes, sur lesquelles on les charge, absolument comme s'il s'agissait d'un madrier ou d'un bloc de pierre. On évite cependant de les blesser; car on ne les tue pas tout de suite, et on les transporte dans des espèces de grands parcs ou réservoirs, d'où on ne les extrait qu'au fur et à mesure des besoins de la colonie. Le gouverneur veille, d'une part, à ce qu'on ne prenne pas des tortues au delà des besoins des habitants et de la garnison de l'île, ce qui pourrait contribuer à exterminer ou à éloigner l'espèce, et, d'autre part, à ce que les viviers soient toujours suffisamment pourvus, en mettant en ligne de compte les demandes probables des navires qui viennent tous les ans toucher à l'île de l'Ascension pour se ravitailler en viande fraîche.

J'ai dit que les tortues de l'Ascension pesaient en moyenne entre trois et quatre cents kilogrammes ; mais il ne faut pas croire que dans une tortue il n'y ait que la carapace qui ne se mange pas ; ce serait une grave erreur, car les plus grosses ne fournissent guère au delà de cinquante à soixante-quinze kilogrammes de viande. Cinq cents grammes suffisent largement à la nourriture journalière d'un homme ; c'est la ration de chaque soldat de la garnison.

Que dirai-je maintenant de la chasse aux manchots, à laquelle se livrent avec tant d'ardeur et d'entrain les équipages des navires qui relâchent accidentellement, pour une raison ou une autre, dans les îles désertes où ces oiseaux vivent et se multiplient en nombre incalculable ? Les Malouines et les parages du détroit de Magellan sont la patrie du géant de l'espèce, que les marins appellent le grand manchot, les naturalistes le pingouin de Patagonie, et dont le bénédictin Pernetti a dit qu'à cent pas ils ressemblaient à des enfants de chœur en camail.

La taille de ce singulier palmipède est d'environ un mètre ; dans l'eau, il nage et plonge avec facilité ; mais à terre il se traîne avec une lenteur et une maladresse proverbiales ; ajoutez qu'il n'a pas d'ailes, et qu'elles sont remplacées par deux moignons emplumés qui lui servent alternativement de rames et de béquilles.

Anciennement les îles Malouines étaient littéralement, à une certaine époque de l'année, couvertes de manchots ; les marins qui y abordaient les tuaient à coups de bâton, sans que ces pauvres animaux essayassent même de s'enfuir. Aujourd'hui, mis en coupe réglée par tous les navires qui passent, ils sont devenus plus farouches ; mais à

quoi leur sert d'avoir acquis la con—
science du danger, puisqu'il n'y a pour
eux aucun moyen de l'éviter quand ils
sont surpris à terre !

FIN.

TABLE

CHAPITRE II.

CHASSES EXTRA-EUROPÉENNES.

—

Tours, imp. MAME.